Fachwissen Logistik

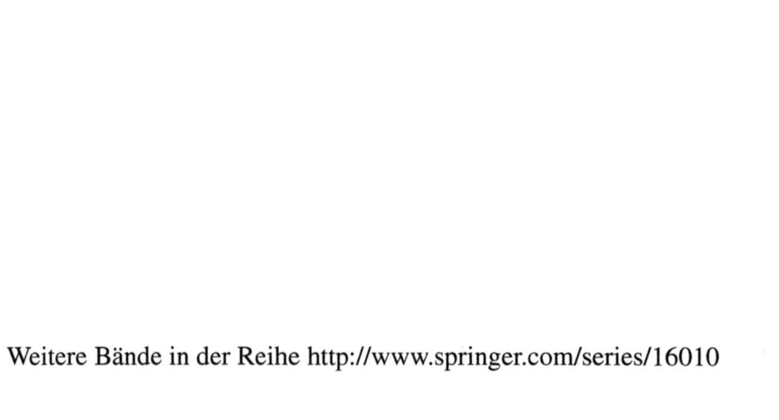

Weitere Bände in der Reihe http://www.springer.com/series/16010

Kai Furmans · Christoph Kilger
Hrsg.

Infrastruktur und Controlling der Logistik

Hrsg.
Kai Furmans
Institut für Fördertechnik und Logistiksysteme
Karlsruher Institut für Technologie
Karlsruhe
Deutschland

Christoph Kilger
Ernst & Young GmbH
Wirtschaftsprüfungsgesellschaft
Saarbrücken
Deutschland

Fachwissen Logistik
ISBN 978-3-662-57946-6 ISBN 978-3-662-57947-3 (eBook)
https://doi.org/10.1007/978-3-662-57947-3

Die Deutsche Nationalbibliothek verzeichnet diese Publikation in der Deutschen Nationalbibliografie; detaillierte bibliografische Daten sind im Internet über http://dnb.d-nb.de abrufbar.

Springer Vieweg

Springer Vieweg ist ein Imprint der eingetragenen Gesellschaft Springer-Verlag GmbH, DE und ist ein Teil von Springer Nature.
Die Anschrift der Gesellschaft ist: Heidelberger Platz 3, 14197 Berlin, Germany

Inhaltsverzeichnis

Public Private Partnerships 1

Michael Eßig

1.1 Zur Begründung von PPP aus Sicht des New Public Management

Public Private Partnerships (PPP) gelten gemeinhin als ein Ausfluss von Reform- und Modernisierungsbestrebungen des öffentlichen Sektors. Bevor detailliert darauf eingegangen wird, wie PPP in der Logistik wirken (können) (Abschn. 1.3), soll dieser Entwicklungspfad aufgezeigt (Abschn. 1.1) und PPP definiert werden (Abschn. 1.2).

PPP ist – wie bereits angesprochen – ein Element der Reform des öffentlichen Sektors bzw. der öffentlichen Leistungserstellung, die derzeit unter dem Oberbegriff „New Public Management“ diskutiert werden (vgl. Abb. 1.1). Ausgangspunkte aus ökonomischer Perspektive sind einerseits makro-, andererseits mikroökonomische Reformen. Erstgenannte betreffen in erster Linie Grundsatzfragen der Definition öffentlicher Aufgaben im Verhältnis zu Bürger und Privatwirtschaft, insbesondere die Frage nach den durch den öffentlichen Sektor zu erbringenden Leistungen. Wie auch in der Privatwirtschaft ist es erforderlich, dass sich Bund, Länder und Gemeinden auf ihre eigentlichen Kernaufgaben bzw. -fähigkeiten konzentrieren, um dauerhaft leistungsfähig zu bleiben. Sinnbild ist der „Gewährleistungsstaat“, der die Erstellung öffentlicher Aufgaben nicht mehr (immer) selbst vornimmt, sondern die Erstellung durch Dritte (Privatwirtschaft, Non-Profit-Organisationen, Bürgervereinigungen, Kooperationseinrichtungen des privaten und öffentlichen Sektors etc.) überwacht bzw. koordiniert und somit die Leistungserbringung (lediglich) gewährleistet [Rei04, 48–50]. Die damit verbundene Steuerung der gesamten öffentlichen

M. Eßig (✉)
Lehrstuhl Materialwirtschaft & Distribution, Universität der Bundeswehr München,
Werner-Heisenberg-Weg 39, 85577 Neubiberg, Deutschland
e-mail: michael.essig@unibw.de

K. Furmans, C. Kilger (Hrsg.), *Infrastruktur und Controlling der Logistik*,
Fachwissen Logistik, https://doi.org/10.1007/978-3-662-57947-3_1

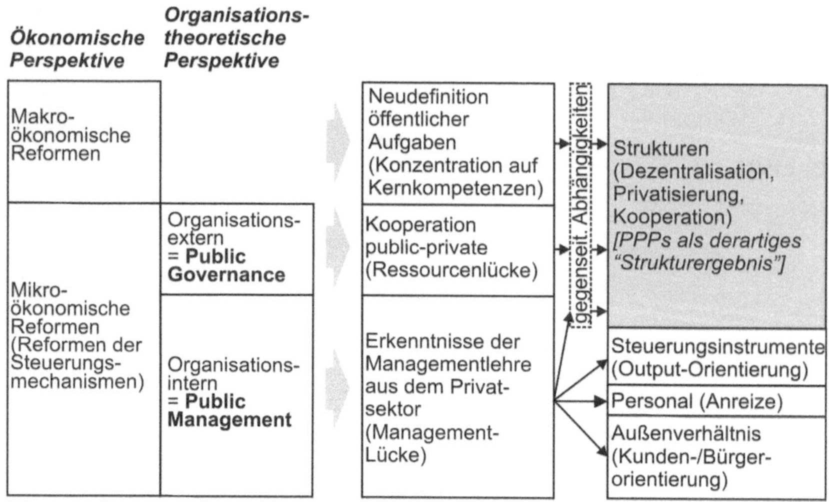

Abb. 1.1 Einordnung von Public Private Partnerships. (Quelle: in Anlehnung an [Ham01, 51 ff.; Bud94, 21])

Wertschöpfungskette mit privaten, öffentlichen und gemischtwirtschaftlichen Leistungserbringern bedarf einer genauen Spezifikation des Leistungsbegriffes – derzeit bei PPPs in Analogie zur Logistik sehr intensiv unter dem Performance- und Service Delivery-Begriff diskutiert [Rob09, 184 f.; Yua09, 257 f.], aus Sicht des öffentlichen Auftraggebers auch als Messung des „Value for Money" operationalisiert [Sar10, 94 f.; Sie12, 286 ff.].

Zweitgenannte mikroökonomische Reformen konzentrieren sich auf den direkten organisatorischen Umbau öffentlicher Einrichtungen und ihrer Steuerung. Sie stehen in engem Zusammenhang mit den makroökonomischen Leitbildern eines aktivierenden (Gewährleistungs-) Staates und konkretisieren sich in organisationsinternen und organisationsexternen Steuerungsmechanismen (Binnenmodernisierung des öffentlichen Sektors). Derzeit sind dies bspw. die neuen, leistungsorientierten Entlohnungsformen für Beamte [Sch04a] oder das „Neue Steuerungsmodell" der KGSt (Kommunale Gemeinschaftsstelle für Verwaltungsvereinfachung) [KGS93].

PPP sind folgerichtig nur **ein** (mögliches) Ergebnis des New Public Management neben Mitarbeiter-Anreizstrukturen, Ansätzen der Verwaltungssteuerung und Bürgerorientierung im Sinne eines Kundenverhältnisses. Sie sind Ausfluss dreier betriebswirtschaftlicher Perspektiven (vgl. Abb. 1.1):

- Wir haben die **Kernkompetenz-Perspektive** bereits kurz angesprochen. Dabei ist die Frage, was Kernaufgaben staatlicher bzw. kommunaler Gemeinschaften sind, nicht nur in einem engen ökonomischen Sinne zu beantworten. Vereinfacht sind öffentliche Aufgaben aus öffentlichem Interesse abgeleitet. Konkret bedeutet das die Erstellung von Leistungen, die einem gesellschaftlich gewünschten Ziel dienen. Beispielhaft sei eine dem Gemeinwohl dienende hohe Lebenserwartung der Bevölkerung genannt

[Eic01, 410]. Daraus sind Zielsetzungen der Bildungs-, Ernährungs- und Gesundheitspolitik abzuleiten, in entsprechenden Gesetzen bzw. Verordnungen als öffentliche Aufgaben zu formulieren und schließlich in Schulen, bei Gesundheitsämtern, in Sportzentren, durch Krankenhäuser mit privater oder öffentlicher Trägerschaft, in der pharmazeutischen Industrie sowie vielen anderen Institutionen administrativer wie privatwirtschaftlicher Art umzusetzen. Kernkompetenzen fragen nach der **Effektivität** staatlichen Handelns und sind somit primär politisch dominiert. Ein simpler Vergleich der daraus abgeleiteten öffentlichen Aufgaben bzw. Leistungen mit dem „Kauf" eines privatwirtschaftlich erstellten Produkts durch den Kunden ist somit viel zu vereinfachend.

- Die **Ressourcenperspektive** ist weitaus stärker ökonomisch – präziser: fiskalisch – dominiert. Sie wird in Abb. 1.1 nicht zufällig als „Ressourcenlücke" bezeichnet. Faktisch existiert im öffentlichen Sektor aufgrund der schwierigen Haushaltssituation ein enormer Investitionsstau. So wies bspw. der Fuhrpark der Bundeswehr vor Geschäftsübernahme durch ein PPP (BwFuhrparkService GmbH) ein Durchschnittsalter von 9,3 Jahren auf, das durch Gewinnung privater Investoren auf 1,5 Jahre gesenkt werden konnte [Hor04, 13].
  Dies hat insbesondere für Infrastrukturmaßnahmen in Güterverkehrssystemen für die Logistik Bedeutung. Unterbleibende staatliche Investitionen erschweren die Leistungserstellung für Logistikdienstleister, bspw. erschweren überfüllte Autobahnen planbare Verkehrsrelationen. Die in der Folge vorgestellten Makro-Logistik-PPPs versuchen, dieses Problem durch die Nutzung privatwirtschaftlicher Finanzierungsmöglichkeiten zu lösen.
- Dritte und originär betriebswirtschaftliche Perspektive ist die **Managementperspektive**. Öffentliche Verwaltungen sind ihrem Wesen nach lange Jahre grundsätzlich anders geführt worden als privatwirtschaftliche Unternehmen. Das hoheitliche Handeln staatlicher Stellen wird aber sowohl in der Wahrnehmung der Bürger, wie auch in der tatsächlichen Ausprägung, zunehmend durch ein Verständnis der öffentlichen Dienstleistung abgelöst. Bürger verstehen sich als „Kunden", öffentliche Leistungen werden von ihnen in anderer Form abgerufen. Konsequenterweise müssen sich auch öffentliche Institutionen den Managementprinzipien der Privatwirtschaft öffnen, um diesen Anforderungen adäquat begegnen zu können. Logistik- und Supply Chain Management können im Ansatz einer flussorientierten Führungslehre einen Beitrag leisten, die Managementprobleme im öffentlichen Sektor – und an der Schnittstelle zur Privatwirtschaft – zu lösen [Göp05; Kla02].

1.2 Einordnung von PPP als Lösungsansatz

Die Zusammenführung aller drei genannten Perspektiven führt fast zwangsläufig zu „neuen" Formen der Zusammenarbeit zwischen Staat und Privatwirtschaft. „Neu" ist insofern ein wenig irreführend, als Formen der „klassischen" Kooperation zwischen

Staat und Privatwirtschaft schon lange existieren. In Anlehnung an den PPP-Entwicklungspfad von Budäus [Bud04] folgen auf diese klassischen Kooperationsformen zwei PPP-Weiterentwicklungen:

Die erste Phase ist als „finanzkrisen- und effizienzinduzierte PPP" gekennzeichnet. Sie bezieht sich insbesondere auf o.g. Ressourcenperspektive und ist der fiskalischen Not entsprungen. Die Tatsache, dass die öffentliche Hand keine Ressourcen für Investitionen mehr hat, lässt sie gezwungenermaßen auf neue Finanzierungsformen bspw. im Straßenbau zurückgreifen.

Die zweite Phase der „Corporate Social Responsibility-induzierten PPPs" ist weit mehr vom Effektivitätsdenken des Gewährleistungsstaats beeinflusst. Die Erkenntnis, dass das bislang vorherrschende Staatsverständnis eines „generellen Problemlösers" für die Zukunft nicht mehr trägt bzw. den desolaten Zustand der öffentlichen Haushalte weiter verschlimmert, muss Anregungen für einen Problemlösungsbeitrag aller relevanten gesellschaftlichen Gruppen liefern. Unternehmen erkennen, dass sie als verantwortungsvoller Teil eines Gemeinwesens agieren und in Übereinstimmung mit ihrem Gewinnerwirtschaftungsziel soziale Verantwortung haben. PPPs geben ihnen die Chance, einerseits zusätzliche Wertschöpfung und damit zusätzliche Unternehmenswerte zu schaffen, andererseits ihren Teil zu einer gemeinwohlorientierten öffentlichen Leistungserstellung beizutragen. Derartige Beispiele existieren derzeit vorwiegend in den USA, wo Unternehmen Teile der öffentlichen Infrastruktur (zumindest mit) bereitstellen.

PPPs sind eine mögliche Strukturalternative zur öffentlichen Aufgabenerfüllung (ähnlich [Bud98, 54; Bud03, 217 f.; Rog99, 55–58]). Wie auch in der Privatwirtschaft hat die öffentliche Hand im Rahmen der Make-or-Buy-Entscheidung zu prüfen, welche Leistungen eigenerstellt und welche fremdvergeben werden [Eßi05]. Üblicherweise lautet die Empfehlung, hochspezifische und strategisch bedeutsame Leistungen selbst zu erstellen, im anderen Extremfall extern zuzukaufen, sprich eine klassische Vergabeentscheidung auf Basis einer Ausschreibung zu fällen (vgl. Abb. 1.2 [Bur11, 93 f.; For10, 476 f.]). Dazwischen existieren eine Reihe von Misch- oder Kooperationsformen („Hybride", vgl. Kap. Vertikale Kooperation in der Logistik) aus eigener und privater Leistungserstellung – mithin eine strategische Beschaffungsalternative [Mol10, 229 f.]. PPPs sind letztlich der Oberbegriff dafür. Wichtigste Formen sind die Contractual PPP, bei denen ein privates Unternehmen Auftragnehmer wird und dafür vertraglich von der öffentlichen Hand entsprechend verpflichtet wird (auch als „PPP in einem weiteren Sinn" [Bud03, 220 f.] oder PPP „auf Vertragsbasis" [Kom04, 9] bezeichnet). Im Fall der institutionalisierten PPP gründen der öffentliche und der private Partner gemeinsam ein Tochterunternehmen mit eigener Rechtspersönlichkeit (auch als „PPP in einem engeren Sinn" [Bud03, 220 f.] oder „institutionalisierte" PPP [Kom04, 9] bezeichnet – in abweichender Form auch „Relational PPP" [Maz08, 106]). Die Auswahl des privaten Partners erfolgt in der Regel auf Basis des Vergaberechts, d. h. mittels Ausschreibungsverfahren („Competitive Tender", [Sch04b, 128 f.]), oder bei besonders komplexen Aufträgen im wettbewerblichen Dialog (Artikel 30, Richtlinie 2014/24/EU des Europäischen Parlaments und des Rates).

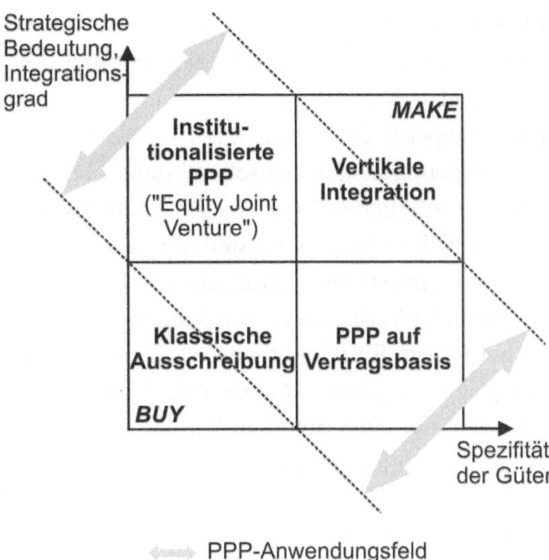

Abb. 1.2 PPP-Portfolio. (Quelle: In Anlehnung an [Nas00, 76; Kom04, 9])

1.3 PPP in der Logistik

Für die Systematisierung von Public Private Partnerships in der Logistik greifen wir auf die Betrachtungsebenen von Logistiksystemen zurück [Pfo10, 14 f.]: **Makro-Logistik-Public Private Partnerships** betreffen Systeme der Makro-Logistik, sind also gesamtwirtschaftlicher Art. Da die Betrachtung schwerpunktmäßig auf Güterverkehrssystemen liegt, dienen Makro-Logistik-PPPs in erster Linie dem Bau und/oder Betrieb von Verkehrsinfrastruktur. **Mikro-Logistik-Public Private Partnerships** sind dagegen Systeme einzelner öffentlich-privater Organisationen. Dabei stehen keine infrastrukturellen Aufgaben im Vordergrund, sondern logistische Dienstleistungen für einzelne oder mehrere Auftraggeber, die vom Mikro-Logistik-PPP übernommen werden.

1.3.1 Makro-Logistik-PPP: Aspekte der (Verkehrs-) Infrastruktur

Makro-Logistik-PPPs spiegeln den Kern des Public Private Partnership-Gedankens wider. Die Bereitstellung von (Verkehrs-) Infrastruktur [Sol10, 398] gehört zu den originär öffentlichen Aufgaben [Eic01]. Für die Bereitstellung derartiger öffentlicher Güter obliegt der öffentlichen Hand eine besondere Verantwortung [Sav00, 44 ff.; Bor98, 28 f.]. Die fiskalischen Probleme der öffentlichen Haushalte und die Komplexität großer Infrastrukturprojekte führen dazu, dass der Staat bzw. die Verwaltung sich bei besonders komplexen Infrastrukturprojekten darauf beschränken, gewünschte Outputs im Sinne des Gemeinwesens zu definieren. Das konkrete Konzept, die Umsetzung, Betrieb und evtl. Wartung liegen beim privaten Partner [Par03, 98]. Gemäß § 65 (1), Nr. 1 Bundeshaushaltsordnung soll sich „der Bund … an der Gründung eines Unternehmens nur beteiligen, wenn ein wichtiges Interesse des Bundes vorliegt und sich der vom Bund angestrebte Zweck nicht besser und wirtschaftlicher auf andere Weise erreichen lässt." Der Anwendbarkeit von Makro-Logistik-PPPs sind damit klare Grenzen gesetzt; Verkehrsinfrastruktur gehört dabei eindeutig zu den typischen öffentlichen Aufgaben.

Neben möglichen Effizienzgewinnen durch die Nutzung von Marktmechanismen bei der öffentlichen Aufgabenerstellung liegen kurzfristige Vorteile von PPPs in der Verschiebung von (Investitions-) Ausgaben auf den privaten Bereich. Langfristig stellt dies nur eine zeitliche Verlagerung von Zahlungsströmen dar, indem für von Privaten finanzierte und betriebene Einrichtungen Gebühren vom Staat bezahlt werden müssen (sog. „future leasing costs", [Par03, 98; Bud03, 225]). Die Frage der asymmetrischen Informationsverteilung zwischen privatem Partner und öffentlicher Hand sowie die damit verbundene Risikoteilung und des Risikomanagement wird bei PPP stark diskutiert [Cha11, 137 f.; Dew05, 125 f.; Eng10, 290 ff.; Hop13, 58 f.; Lit09, 273; Pfn09, 39 ff.; Qui05, 446 f.] – wobei viele PPP-Modelle in der Praxis zeigen, dass eine Risikoverlagerung zur Privatwirtschaft bei gleichzeitig sinkenden Kosten häufig keinesfalls immer funktioniert [Blo06, 400 f.; Hod07, 552; Ios12, 444 f.]. Gerade die Transaktionskosten werden systematisch unterschätzt [Sol10, 397 ff.] Bei Verkehrsinfrastrukturen existieren häufig Modelle, bei denen anfallende Gebühren direkt beim Benutzer erhoben werden können (bspw. Maut bei privatisierten Autobahnen).

Abb. 1.3 zeigt die regionale und sektorale Verteilung von PPPs weltweit (vgl. auch die Übersicht bei [Gri04, 3–6]). Tatsächlich dominieren Modelle für die logistikrelevante Infrastruktur inbses. von Straßenverkehrssystemen inkl. Brücken und Tunneln. Als Vorreiter in Westeuropa gilt Großbritannien, wo zwischenzeitlich 20 % des staatlichen Investitionsvolumens über PPP abgewickelt werden. Hauptprobleme in Deutschland waren bzw. sind insbesondere vergaberechtliche Beschränkungen, Hemmungen durch Regelungen zur Mittelstandsförderung und Wettbewerbsverzerrungen durch steuerrechtliche Vorschriften [Koc04, 297 f.].

1.3.2 Mikro-Logistik-PPP

Mikro-Logistik-PPP erfüllen keine infrastrukturellen Logistikaufgaben, sondern sind auf der betrieblichen Ebene angesiedelt. Mithin erstellen und vermarkten Sie Logistikdienstleistungen betriebswirtschaftlicher Art. Funktional ergeben sich somit PPPs in den Bereichen Beschaffungs-, Produktions- und Distributionslogistik [Vah07, 7].

Beschaffungsseitige Mikro-Logistik-PPPs sind Formen der Zusammenarbeit zwischen öffentlichem Sektor und Privatwirtschaft, die eine verbesserte Versorgung öffentlicher Auftraggeber zum Ziel haben. Ein Beispiel ist die BwFuhrparkService GmbH (BwFPS), die das Flottenmanagement und die Mobilitätsbereitstellung für die Bundeswehr, für ausländische Streitkräfte sowie sonstiger Kunden betreibt. Ursprünglich „reiner" Generalunternehmer für die Bundeswehr, sind in der Zwischenzeit weitere öffentliche

		Straßenbau		Schienenverkehr		Wasserversorgung		Gebäudebau		Gesamt	
		Anzahl der Projekte	Kosten (Mio $)[1]	Anzahl der Projekte	Kosten (Mio $)[1]	Anzahl der Projekte	Kosten (Mio $)[1]	Anzahl der Projekte	Kosten (Mio $)[1]	Anzahl der Projekte	Kosten (Mio $)[1]
Vereinigte Staaten	geplant und finanziert seit 1985	77	61 844	41	58 334	187	20 001	164	10 986	469	151 926
	finanziert bis Okt. 2009	35	16 913	27	10 950	136	15 024	158	9 421	356	52 308
Kanada	geplant und finanziert seit 1985	31	18 103	7	9 780	29	3 029	91	12 529	158	43 531
	finanziert bis Okt. 2009	20	11 058	1	2 000	14	457	49	9 572	84	23 114
Lateinamerika[2]	geplant und finanziert seit 1985	272	101 236	69	51 184	153	17 163	19	1 729	513	171 222
	finanziert bis Okt. 2009	140	61 652	26	10 355	79	9 865	8	521	253	82 393
Europa	geplant und finanziert seit 1985	339	320 375	102	157 293	218	34 178	306	90 369	965	602 215
	finanziert bis Okt. 2009	193	156 692	55	54 579	171	24 657	223	66 975	642	302 903
Afrika und Mittlerer Osten	geplant und finanziert seit 1985	21	10 886	16	12 479	101	28 166	10	1 186	148	52 717
	finanziert bis Okt. 2009	13	5 691	4	4 668	45	17 835	4	957	66	29 151
Asien und Ferner Osten	geplant und finanziert seit 1985	295	92 662	93	101 826	180	50 745	37	11 358	605	256 591
	finanziert bis Okt. 2009	166	54 640	40	55 676	119	37 452	21	7 201	346	154 969
Welt	**geplant und finanziert seit 1985**	**1023**	**605 106**	**328**	**390 896**	**868**	**153 282**	**627**	**128 157**	**2 858**	**1 278 202**
	finanziert bis Okt. 2009	**567**	**306 673**	**153**	**138 228**	**564**	**105 290**	**463**	**94 647**	**1 747**	**644 838**

1. Die Kosten in Millionen US-Dollarsind indenNominalpreisen der jeweiligen Jahren angegeben.

2. Lateinamerika beinhaltet die Staaten Südamerikas, der Karibik sowie Mexiko.

Abb. 1.3 Globale PPPs nach Sektor und Region seit 1985. (Quelle: [Bur11, 96])

Auftraggeber hinzugekommen. Der Auftrag ist typisch versorgungsseitig und umfasst die Bereitstellung konkreter Mobilitätsleistungen. Durch die Fuhrparkbündelung von Bundeswehr und Bahn kann sich die PPP-Gesellschaft Konditionenvorteile erschließen. In 24 bundesweiten Mobilitätscentern wird die gesamte Produktpalette der BwFPS, u. a. Kurzzeitmiete, Langzeitmiete, Chauffeurservice, Hol-Bringservice, Taxiservice und zukünftig auch Carsharing angeboten.

Deutlich geringer ist der Verbreitungsgrad von **PPP-Modellen in der Produktionslogistik**. Bei der klassischen öffentliche Leistungserstellung handelt es sich typischerweise um Verwaltungsprozesse, mithin um Dienstleistungen. Logistische Optimierungsprozesse betreffen dabei insbesondere Verwaltungsvorgänge und damit die Informationslogistik. Denkbar sind hierbei PPP-Modelle zum gemeinsamen Betrieb von Systemen der Informationsvereinbarung. Beispiel ist die BWI Informationstechnik GmbH, bekannt unter dem Projektnamen „Herkules". Die Gesellschaft wurde aufgrund eines auf zehn Jahre angelegten PPP-Vertrages gegründet, in denen BWI die gesamte nichtmilitärische IT- und Telekommunikations-Infrastruktur der Bundeswehr modernisieren und betreiben soll. An BWI Informationstechnik GmbH hielt bislang das Bundesministerium der Verteidigung 49,9 % der Gesellschaftsanteile, Siemens Business Services 50,05 % und IBM Deutschland 0,05 %. Die Gesellschaft wird jedoch zukünftig wieder zu 100 % als Tochter des Bundes geführt.

PPP-Modelle in der Distributionslogistik finden bislang kaum Anwendung. Im Kern geht es dabei um die Versorgung des Bürgers als „Endkunden" der öffentlichen Leistung. Funktional ist damit der Versuch verbunden, typische Probleme des öffentlichen Sektors mit Hilfe logistischer Konzepte zu lösen. Konzeptionelle Vorarbeiten wurden im Ansatz einer „erweiterte Logistik der Bürgerbedienungsprozesse" [Kla99, 415] entwickelt. In diesem Verständnis ist Logistik die „Wissenschaft von den Schnittstellen zwischen Aktivitäten, Funktionsbereichen und Akteuren in wirtschaftlichen Prozessen mit der Zielsetzung, deren bestmögliche Koordination und Integration zu sichern" [Kla99, 411] und somit für öffentliche Wertschöpfungsprozesse als Steuerungsansatz geeignet. Denkbar wären hier gemeinsame Lösungen zwischen Behörden und Logistikdienstleistern, um bspw. die Kfz-Zulassung zu vereinfachen und Onlinezulassungen via Internet mit der physischen Kennzeichendistribution nach Hause zu verbinden.

Literatur

[Blo06] Bloomfield, P.: The Challenging Business of Long-Term Public-Private Partnerships: Reflections on Local Experience. In: Public Administration Review, 66 (2006) 3, S. 400–411

[Bor98] Borins, S./Grüning, G.: New Public Management - Theoretische Grundlagen und problematische Aspekte der Kritik. In: Budäus, D./Conrad, P./Schreyögg, G. (Hrsg.): New Public Management. Berlin u.a. 1998, S. 11–53

[Bud94] Budäus, D.: Public Management: Konzepte und Verfahren zur Modernisierung öffentlicher Verwaltungen, Berlin 1994

[Bud98] Budäus, D.: Public Private Partnerships als innovative Organisationsform. In: Scheer, A.-W. (Hrsg.): Neue Märkte, neue Medien, neue Methoden: Roadmap zur agilen Organisation. Heidelberg 1998, S. 47–64

[Bud03] Budäus, D.: Neue Kooperationsformen zur Erfüllung öffentlicher Aufgaben: Charakterisierung, Funktionsweise und Systematisierung von Public Private Partnership. In: Harms, J./Reichard, J. (Hrsg.): Die Ökonomisierung des öffentlichen Sektors: Instrumente und Trends. Baden Baden 2003, S. 213–233.

[Bud04] Budäus, D.: Die kritisch-konstruktive Rolle des Bundesverbandes für die Entwicklung von PPP in Deutschland, Unterlagen zum Vortrag auf der Jahresveranstaltung des Bundesverbandes Public Private Partnership e.V. Berlin 2004

[Bur11] Burger, P./ Hawkesworth, I.: How to Attain Value for Money: Comparing PPP and Traditional Infrastructure Public Procurement. In: OECD Journal on Budgeting, (2011) 1, S. 91–146

[Cha11] Chan, A. P. C./ Yeung, J. F. Y./ Yu, C. C. P./ Wang, S. Q./ Ke, Y.: Empirical Study of Risk Assessment and Allocation of Public-Private Partnership Projects in China. In: Journal of Management in Engineering, 27 (2011) 3, S. 136–148

[Dew05] Dewatripont, M./ Legros, P.: Public-private partnerships: Contract design and risk transfer. In: EIB papers, 10 (2005) 1, S. 120–145

[Eic01] Eichhorn, P.: Öffentliche Betriebswirtschaftslehre als eine Spezielle BWL. In: Wirtschaftswissenschaftliches Studium (WiSt), 30 (2001) 8, S. 409–416

[Eng10] English, L./ Baxter, J.: The Changing Nature of Contracting and Trust in Public-Private Partnerships: The Case of Victorian PPP Prisons. In: Abacus, 46 (2010) 3, S. 289–319

[Eßi05] Eßig, M./Batran, A.: Public-Private Partnership: Development of Long-Term Relationships in Public Procurement in Germany. In: Journal of Purchasing and Supply Management, 11 (2005) 5/6, S. 221–231

[For10] Forrer, J./ Kee, J. E./ Newcomer, K. E./ Boyer, E.: Public-Private Partnerships and the Public Accountability Question. In: Public Administration Review, 70 (2010) 3, S. 475–484

[Göp05] Göpfert, I.: Logistik Führungskonzeption: Gegenstand, Aufgaben und Instrumente des Logistikmanagements und -controllings. 2. Aufl., München 2005

[Gri04] Grimsey, D./Lewis, M. K.: Public Private Partnerships: The Worldwide Revolution in Infrastructure Provision and Project Finance. Cheltenham u.a. 2004

[Ham01] Hammerschmid, G.: New Public Management zwischen Konvergenz und Divergenz: Eine institutionenökonomische Betrachtung. Wien 2001

[Hod07] Hodge, G. A./ Greve, C.: Public-Private Partnerships: An International Performance Review. In: Public Administration Review, 67 (2007) 3, S. 545–558

[Hop13] Hoppe, E. I./ Schmitz, P. W.: Public-private partnerships versus traditional procurement: Innovation incentives and information gathering. In: RAND Journal of Economics, 44 (2013) 1, S. 56–74

[Hor04] Horsmann, U.: g.e.b.b.: Beitrag zur Reform der Bundeswehr: Erfahrungen, Methoden, Potenziale. Unterlagen zum Vortrag auf dem 39. BME-Symposium Einkauf und Logistik, Fachkonferenz Public Private Partnerships. Berlin 2004

[Ios12] Iossa, E./ Martimort, D.: Risk allocation and the costs and benefits of public-private partnerships. In: RAND Journal of Economics, 43 (2012) 3, S. 442–474

[KGS93] KGSt (Hrsg.): Das Neue Steuerungsmodell: Gründe, Konturen, Umsetzung. KGSt-Bericht 5/1993. Köln 1993

[Kla99] Klaus, P.: Bürgernähe als logistisches Problem. In: Brünig, D./Greiling, D. (Hrsg.): Stand und Perspektiven der Öffentlichen Betriebswirtschaftslehre: Festschrift für Prof. Dr. Peter Eichhorn zur Vollendung des 60. Lebensjahres. Berlin 1999, S. 408–418

[Kla02] Klaus, P.: Die dritte Bedeutung der Logistik: Beiträge zur Evolution logistischen Denkens. Hamburg 2002

[Koc04] Kochendörfer, B./Kohnke, T.: PPP im öffentlichen Hochbau in Westeuropa und die Umsetzungsschwierigkeiten in Deutschland. In: VHW Forum Wohneigentum. Zeitschrift für Wohneigentum in der Stadtentwicklung und Immobilienwirtschaft. 5 (2004) 6, S. 296–299

[Kom04] Kommission der Europäischen Gemeinschaften: Grünbuch zu öffentlich-privaten Partnerschaften und den gemeinschaftlichen Rechtsvorschriften für öffentliche Aufträge und Konzessionen, Kom (2004) 327, Brüssel 2004

[Lit09] Littwin, F.: Wirtschaftlichkeit von PPP-Projekten: Unter welchen Rahmenbedingungen ist PPP vorteilhafter als die Eigenrealisierung?. In: Pechlaner, H./ von Holzschuher, W./ Bachinger, M. (Hrsg.): Unternehmertum und Public Private Partnership. Wissenschaftliche Konzepte und praktische Erfahrungen. Wiesbaden 2009, S. 271–291.

[Maz08] Mazouz, B./ Facal, J./ Viola, J.-M.: Public-Private Partnership: Elements for a Project-Based Management Typology. In: Project Management Journal 39 (2008) 2, S. 98–110

[Mol10] Mols, F.: Harnessing Market Competition in PPP Procurement: The Importance of Periodically Taking a Strategic View. In: Australian Journal of Public Administration, 69 (2010) 2, S. 229–244

[Nas00] Naschold, F./Budäus, D./Jann, W., Mezger, E./Oppen, M./Picot, A./Reichard, C./Schanze, E./Simon, N. (Hrsg.): Leistungstiefe im öffentlichen Sektor. 2. Aufl. Berlin 2000

[Par03] Parker, D./Hartley, K.: Transaction Costs, Relational Contracting and Public Private Partnerships: A Case Study of UK Defence, in: Journal of Purchasing and Supply Management, 9 (2003) 3, S. 97–108

[Pfo10] Pfohl, H. C.: Logistiksysteme: Betriebswirtschaftliche Grundlagen. 8. Aufl. Berlin u.a. 2010

[Pfn09] Pfnür, A.: Möglichkeiten und Grenzen der Risikoallokation zur Effizienzsteigerung von PPP-Projekten. In: Pechlaner, H./ von Holzschuher, W./ Bachinger, M. (Hrsg.): Unternehmertum und Public Private Partnership. Wissenschaftliche Konzepte und praktische Erfahrungen. Wiesbaden 2009, S. 27–52.

[Qui05] Quiggin, J.: Public-Private Partnerships: Options for Improved Risk Allocation. In: The Australian Economic Review, 38 (2005) 4, S. 445–450

[Rei04] Reichard, C.: Das Konzept des Gewährleistungsstaates. In: Göbel. E./Gottschalk, W./ Lattmann, J./Lenk, T./Reichard, C./Weber, M. (Hrsg.): Neue Institutionenökonomik, Public Private Partnership, Gewährleistungsstaat. Berlin 2004, S. 48–60

[Rob09] Robinson H. S./ Scott J.: Service delivery and performance monitoring in PFI/PPP projects. In: Construction Management and Economics, 27 (2009) 2, S. 181–197

[Rog99] Roggenkamp, S.: Public Private Partnership. Frankfurt a. M. u.a. 1999

[Sar10] Sarmento, J. M.: Do Public-Private Partnerships create Value for Money for the Public Sector? The Portuguese Experience. In: OECD Journal on Budgeting, (2010) 1, S. 93–119

[Sav00] Savas, E. S.: Privatization and Public-Private Partnership. New York u.a. 2000

[Sch04a] Schily, O./Heesen, P./Bsirske, F.: Neue Wege im öffentlichen Dienst: Eckpunkte für eine Reform des Beamtenrechts. Berlin 2004

[Sch04b] Schmidtmann, E./Wendelberger, A.: Public Private Partnerships als Kooperationsform in der Logistik. In: Pfohl, H. C. (Hrsg.): Erfolgsfaktor Kooperation in der Logistik: Outsourcing, Beziehungsmanagement, finanzielle Performance. Berlin 2004, S. 119–136

[Sie12] Siemiatycki, M./ Farooqi N.: Value for Money and Risk in Public-Private Partnerships. In: Journal of the American Planning Association, 78 (2012) 3, S. 286–299

[Sol10] Solino, A. S./ De Santos, P. G.: Transaction Costs in Transport Public-Private Partnerships: Comparing Procurement Procedures. In: Transport Reviews, 30 (2010) 3, S. 389–406

[Vah07] Vahrenkamp, R.: Logistik: Management und Strategien. 6. Aufl. München u.a. 2007

[Yua09] Yuan, J./ Zeng, A. Y./ Skibniewski, M. J./ Li, Q.: Selection of performance objectives and key performance indicators in public-private partnership projects to achieve value for money. In: Construction Management and Economics, 27 (2009) 3, S. 253–270

Stand und Entwicklungsperspektiven des Logistik-Controllings im Überblick

2

Jürgen Weber

2.1 Grundlagen

Das Logistik-Controlling stellt immer noch ein vergleichsweise wenig bearbeitetes Aufgabenfeld dar. Unter den fachlichen Spezialisierungen, auf die sich Controller ausrichten, findet sich Logistik-Controlling nur auf einem hinteren Platz wieder (Platz 10 von 12 unterschiedlichen Ausrichtungen) [Sch15, 176]). Dies mag zum einen daran liegen, dass Controller in der Vergangenheit stark auf monetäre Größen fokussiert waren, für die Steuerung der Logistik aber primär nicht-finanzielle Größen zentral bedeutsam sind. Zum anderen ist das, was mit dem Begriff „Logistik“ belegt wird, in der Unternehmenspraxis immer noch sehr unterschiedlich. Hiervon sind Inhalt und Ausprägung des Logistik-Controllings in hohem Maße betroffen. Der Beitrag muss deshalb damit beginnen, die unterschiedlichen Ausprägungen der Logistik herauszuarbeiten.

2.1.1 Begriff und Entwicklung der Logistik

Der Begriff der Logistik hat sich – wie auch die Abb. 2.1 zeigt – seit den 1970er Jahren ständig weiterentwickelt. Damit war auch eine kontinuierliche Veränderung des Schwerpunkts der logistischen Aufgabenstellung verbunden, die zu unterschiedlichen, jedoch aufeinander aufbauenden Logistiksichten geführt hat. Sie spiegeln zugleich einen elementaren Lernprozess wider.

J. Weber (✉)
WHU – Otto Beisheim School of Management, Burgplatz 2, 56179 Vallendar, Deutschland
e-mail: jweber@whu.edu

K. Furmans, C. Kilger (Hrsg.), *Infrastruktur und Controlling der Logistik*, Fachwissen Logistik, https://doi.org/10.1007/978-3-662-57947-3_2

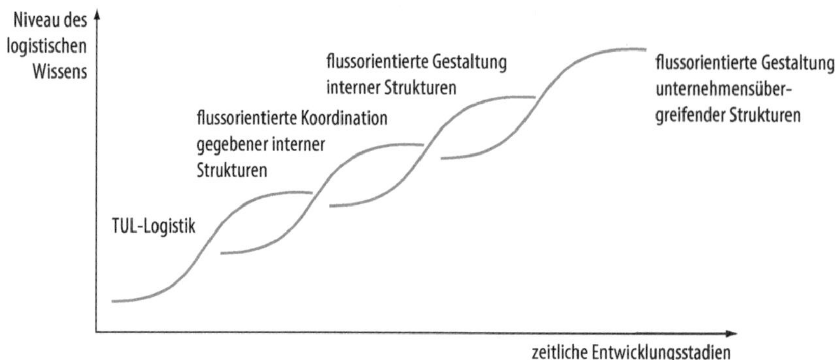

Abb. 2.1 Entwicklung unterschiedlicher Sichten der Logistik

Die Ursprünge der Logistik als betriebswirtschaftliche Funktion liegen in den 50er Jahren in den USA (vgl. zum folgenden ausführlich [Web96]). In Deutschland nahm die Automobilindustrie 20 Jahre später eine Vorreiterfunktion wahr. Ursprünglich dominierte – mit einem starken ingenieurwissenschaftlich-technischen Schwerpunkt – die Sicht der Logistik als integrierte Transport-, Lager- und Umschlagswirtschaft. („TUL“) Kristallisationskerne der Logistik in der Unternehmenspraxis waren dann auch mit physischen Materialflussaufgaben betraute Bereiche und die dort zu hebenden Rationalisierungspotenziale. So verstanden bedeutet Logistik aus betriebswirtschaftlicher Sicht eine weitere Funktionenlehre, die an die Seite von Beschaffung, Produktion und Marketing/Vertrieb tritt. Sie wird in diesem Kontext häufig als „Querschnittsfunktion“ bezeichnet. Hiermit soll ausgedrückt werden, dass Materialflussleistungen in allen Abschnitten der Wertschöpfungskette – also alle traditionellen Funktionsbereiche durchziehend – erbracht werden.

Die mit einer solchen Querschnittsfunktion verbundene Herausforderung, die physischen TUL-Prozesse mit den Beschaffungs-, Produktions- und Absatzprozessen abzustimmen, lieferte bald den Anstoß zu einer veränderten Sicht der Logistik. Die Logistik entwickelt sich in dieser zu einer materialflussbezogenen Koordinationsfunktion, die sich als Reaktion auf eine starke funktionale Spezialisierung längs der Wertschöpfungskette etabliert und damit weitere Rationalisierungsmöglichkeiten eröffnet. Isolierte Optimierungen innerhalb der Beschaffungs-, Produktions- und Absatzwirtschaft schaffen Schnittstellenprobleme. Sie zugunsten einer ganzheitlichen Sicht des Material- und Warenflusses zu überwinden, reduziert Spezialisierungsnachteile bzw. schafft Koordinationsnutzen. Um eine derartige *Koordinationsaufgabe* erfüllen zu können, müssen der Logistik in den Unternehmen bereichsübergreifende Steuerungsaufgaben des Material- und Warenflusses übertragen werden. Im weitestgehenden Fall bedeutet dies die aufgaben- und kompetenzmäßige Zuordnung der Bestelldisposition, Produktionsplanung und -steuerung und Vertriebsdisposition zur Logistik. Die Herauslösung dieser Funktionen aus den drei traditionellen Unternehmensfunktionen führt zu einem machtvollen, allerdings auch komplexen Logistikbereich. Sie ist zugleich mit einem Machtverlust der bisherigen Funktionsbereiche verbunden. Hier ist ein Grund zu finden, warum viele Unternehmen diesen Weg nicht mitgegangen sind.

Die angesprochene hohe Komplexität und die damit verbundenen ökonomischen Nachteile lassen sich nur überwinden, wenn die vorhandenen internen Strukturen einer deutlichen Veränderung unterzogen werden. Eine dritte, wiederum aufbauende Sichtweise fokussiert folglich den Ansatz der Logistik auf die Durchsetzung einer *Flussorientierung* des Unternehmens. Ähnlich wie das Marketing mit seinem Fokus Kundenorientierung hat die Logistik dann eine umfassende Gestaltung des gesamten Geschäftssystems zum Ziel, um durchgängige, turbulenzarme Leistungsströme zu ermöglichen. Die Koordination von Bestehendem auf der vorangegangenen Entwicklungsstufe der Logistik weicht dann im Prinzip einer – zumindest partiellen – Vermeidung von Koordinationsbedarfen durch eine flussorientierte Neugestaltung der Strukturen.

Die vierte und letzte Sichtweise schließlich weitet den Blick über die Unternehmensgrenzen hinaus und bezieht die vor- und nachgelagerten Stufen der Wertschöpfungskette mit in die Gestaltungsfrage ein. Diese institutionelle Erweiterung schafft nochmals zusätzliche ökonomische Vorteile, die bei einem Stehenbleiben an den Unternehmensgrenzen ungehoben bleiben. Eine solche, auf die gesamte Wertschöpfungskette gerichtete Sichtweise wird – wie schon die Sicht der Logistik als Flussorientierung – international nicht mehr unter dem Begriff der Logistik, sondern unter dem des *Supply Chain Management* diskutiert und umgesetzt.

Die Entwicklung der Logistik ist zusammengefasst als eine Bewegung von einem Rationalisierungsengpass zum nächsten zu verstehen. Eine Rationalisierungsaufgabe gelöst zu haben bedeutet, mit einer nächsten konfrontiert zu werden. Diejenigen Unternehmen haben diese Evolution am besten hinter sich gebracht, die auf dem Veränderungspfad das Rationalisierungswissen der jeweiligen Vorstufen nicht vergessen, sondern bewahrt haben. Der Sprung von der TUL-Logistik zur Flußorientierung darf mit anderen Worten z. B. nicht dazu führen, über die in den Vordergrund rückenden Koordinationsaufgaben Transport-, Lager- und Handlings-Know how zu verlieren und damit dort ineffizient zu werden – oder plakativ: Ein Supply Chain Management funktioniert nur bei funktionierenden Material- und Warenströmen!

2.1.2 Controlling

Auch für das Controlling ist eine erhebliche Bandbreite der Sichtweisen festzustellen. Eine entsprechend umfangreiche Diskussion in der einschlägigen Literatur legt hiervon Zeugnis ab (vgl. z. B. den Überblick in [Sch04]. Hinzu kommen Probleme der Abgrenzung zwischen Controlling als Funktion und Controlling als Aufgaben von Controllern. Ähnlich wie für die Logistik lässt sich aber auch für das Controlling zeigen, dass die unterschiedlichen Sichten in eine zeitliche und logische Folge gebracht werden können. Die Rolle von Rationalisierungsgewinnen bei der Logistik übernehmen hier *Verbesserungen der Führungsprozesse* bzw. die Beseitigung von Rationalitätsengpässen.

Eine rationale Führung kann nur dann gelingen, wenn die für eine konkrete Führungsentscheidung benötigten Informationen vorliegen. Ohne die Auswirkungen einer Handlungsalternative auf die Erfüllung der Unternehmensziele hinreichend zu kennen, kann nicht rational entschieden werden. Das Controlling hat in diesem Kontext die Aufgabe, dem Management die benötigten zielorientierten Informationen bereitzustellen. Es baut hierfür z. B. die Kosten-, Erlös- und Ergebnisrechnung auf oder bereitet Zahlungsreihen für die Bewertung von Investitionsalternativen auf. Controller (als wesentliche Träger von Controllingfunktionen) besitzen dann einen rechnungswesennahen Aufgabenbereich.

Liegen die benötigten Informationen vor, besteht der nächste Ansatzpunkt, die Führungsqualität zu verbessern, in ihrer adäquaten Verwendung. Die besten Informationen nützen nichts, wenn sie im Entscheidungsprozess nicht richtig verstanden, nur am Rande berücksichtigt oder sogar gezielt als Begründung ganz anders getroffener Entscheidungen verwendet werden. Empirisch gesehen erfolgt die Beseitigung dieses Engpasses in zwei Stufen: Zum einen hat das Controlling dafür Sorge zu tragen, dass das unternehmerische Handeln in eine systematische, aufeinander abgestimmte Planung eingebunden wird. Aufbau und Unterstützung der operativen wie der strategischen Planung sind zentrale Aufgabenfelder des Controlling in diesem Kontext. Dabei ist auch dafür Sorge zu tragen, dass die Manager keine kognitiven Fehler begehen, z. B. nicht passenden Heuristiken folgen, Biases unterliegen, aus der Überschätzung der eigenen Fähigkeiten ein zu hohes Risiko eingehen usw. (vgl. ausführlich [Web14, 35–42]). Zum anderen macht Planung keinen Sinn, wenn nicht ihre Einhaltung überprüft und Konsequenzen aus Abweichungen gezogen werden. Diese Kontrollfunktion ermöglicht Lernprozesse ebenso, wie sie das Commitment der Führung zu den vereinbarten Zielen stärkt. Informationsversorgung, Planung und Kontrolle wie skizziert zu verbinden, beschreibt Aufgabenschwerpunkte des Controlling in vielen Unternehmen gleichermaßen wie die der Controller; für letztere findet sich in diesem Kontext häufig das Bild des Steuermanns, der dem Manager als Kapitän auf dem Weg zur Erreichung des gesteckten Kurses (Ziels) navigierend Hilfestellung leistet.

Sind diese Aufgaben hinreichend erfüllt, gilt es im nächsten Schritt mögliche Probleme in den Griff zu bekommen, die im Dürfen und Wollen der Führungskräfte begründet sind. Das Dürfen betrifft den organisatorischen Kontext, in dem sich die Führung vollzieht. Die konsequenteste Ausrichtung an Zielen ist in ihrem Erfolg dann stark eingeschränkt, wenn die Kompetenzen der unterschiedlichen Führungskräfte inadäquat festgelegt sind – hier zeigen sich Parallelen zur dritten Phase der Logistikentwicklung. Während das Dürfen die Ausprägung des Organisationssystems anspricht, ist der Aspekt des Wollens schließlich auf das Personalführungssystem gerichtet: Es macht wenig Sinn, engagierte Ziele zu setzen, wenn die einzelnen Führungskräfte keine Motivation haben, sie zu erfüllen. Motiviert sind sie am ehesten dann, wenn sich mit der Zielerreichung eine Verbesserung der eigenen Nutzenposition verbindet, z. B. realisiert über eine entsprechende Bonusgestaltung. In der adäquaten Verbindung von Planung, Kontrolle und Informationsversorgung mit Organisation und Personalführung liegt somit ein dritter Aufgabenschwerpunkt des Controllings, der Controller zu Management Consultants mit einem sehr anspruchsvollen Arbeitsfeld macht.

Die in Theorie und Praxis vorfindbare Begriffs-, Konzept- und Aufgabenvielfalt des Controllings lässt sich somit auf einen gemeinsamen Nenner bringen: Unterschiedliche Kontexte erzeugen unterschiedliche Rationalitätsprobleme, die in einem inhaltlichen Zusammenhang zueinander stehen. Ebenso, wie ein Unternehmen nicht mit dem Supply Chain Management ohne das Wissen um Material- und Warenflüsse beginnen kann, ist es wenig sinnvoll, Controlling als übergreifende Managementunterstützung zu verstehen, ohne die Hausaufgaben der Informationsversorgung gemacht zu haben.

2.1.3 Konsequenzen für das Logistik-Controlling

Wenn sowohl die Logistik als auch das Controlling in ihrer Ausprägung stark kontextabhängig sind, ist für das Logistik-Controlling eine sehr große Varietät zu erwarten. Diese Vermutung in der Praxis bestätigen [vgl. z. B. Blu06, 129–146]. Das Feld ist in vielen Unternehmen explizit gar nicht besetzt, unterschiedlichen Aufgabenträgern zugewiesen (Controller, Kostenrechnern, Logistikern, Qualitätsverantwortlichen, ...), unter unterschiedlichem Namen unterschiedlich weitgehend realisiert (Prozesskostenrechnung, Key Performance Indicators, Balanced Scorecard, ...) und mit unterschiedlicher Management Attention versehen. Dennoch läßt sich eine gewisse Ordnung erkennen: Führung und Ausführung stehen in einer engen wechselseitigen Beziehung zueinander. Veränderungen der Ausführung, wie sie mit der Logistik verbunden sind, nehmen deshalb Einfluss auf die Führung und das Controlling als spezielle Form der Führungsunterstützung. Die unterschiedlichen Entwicklungsstufen der Logistik besitzen damit typische Controlling-Ausprägungen, die auch die Struktur der weiteren Ausführungen vorgeben.

2.2 Controlling für unterschiedliche Entwicklungsphasen der Logistik

2.2.1 Material- und warenflussbezogene Logistik

In der ersten Phase der Logistik-Entwicklung geht es darum, Rationalisierungspotenziale in vorher zu wenig und/oder zu unzusammenhängend betrachteten betrieblichen Funktionen zu heben. Lager-, Transport- und Umschlagsvorgänge sind nur in Ausnahmefällen (z. B. in grundstoffnahen Industrien) Kernprozesse mit hoher Aufmerksamkeit des Managements. Technologische Entwicklungen (z. B. Lagerautomatisierung, stark verbesserte BDE-Systeme) schaffen weitere Chancen für Verbesserung. Spezifische Investitionen ermöglichen ebenso Effizienzsprünge wie Skaleneffekte durch Bündelung und/oder gemeinsame Abstimmung. Im Vordergrund steht der Versuch, an die Logistik herangetragene Leistungsanforderungen (z. B. Warenverfügbarkeit, Liefergenauigkeit – in prägnanter, häufig zu findender Ausdrucksweise: „die richtigen Waren in der richtigen Menge zur richtigen Zeit am richtigen Ort") zu (deutlich) geringeren Kosten zu realisieren. Leistungssteigerungen werden gerne „mitgenommen“, stehen aber nicht im Fokus.

Das Controlling hat in dieser ersten Phase der Logistik-Entwicklung primär informationsversorgende Aufgaben. Typisches Interesse des Top-Managements ist es, einen Überblick über die Gesamtkosten der Logistik zu bekommen: Hohe Werte signalisieren eine höhere Priorität für entsprechende Veränderungsprojekte als niedrige. Dies bedeutet inhaltlich, diverse Abgrenzungsfragen zu klären (vgl. ausführlich [Web12, 135–191]). Ein Beispiel für dabei zu lösende Probleme zeigt die Abb. 2.2. Sie macht zugleich deutlich, wie groß der Spielraum für den Kostenrechner bzw. Controller ausfällt. Zinssätze in einer Bandbreite zwischen 4 % und 20 % können – jeweils – vergleichsweise leicht begründet werden (Mischzins zwischen „kostenlosem“ Eigenkapital und Zinsen für Fremdkapital auf der einen Seite und z. B. risikoadjustierte Kapitalkosten nach dem CAPM-Modell auf der anderen Seite – vgl. [Web12, 169]). Die anderen in der Abbildung genannten Abgrenzungsfragen generieren weitere Spielräume. Entsprechende Freiheitsgrade können durchaus auch bewusst genutzt werden, um Maßnahmen anzustoßen oder aber zu verhindern.

Signalisieren die fallweise erhobenen – und für andere Zwecke kaum verwendbaren – Zahlen einen Handlungsdruck (z. B. weil sie höher ausfallen als im Branchendurchschnitt), geht es in der nächsten Phase um zweierlei: Die monetäre Untermauerung entsprechender Investitionsvorhaben und den Aufbau eines Steuerungsinstrumentariums der dann neu formierten bzw. unter höheren wirtschaftlichen Druck geratenen Transport-, Lager- und Umschlagsstationen. Dies bedeutet für größere zentralisierte Bereiche (z. B. ein Distributionslager oder einen Wareneingangsbereich) die gesonderte, differenzierte Berücksichtigung in der Kostenstellenrechnung. Dies lenkt die Aufmerksamkeit des Managements auf

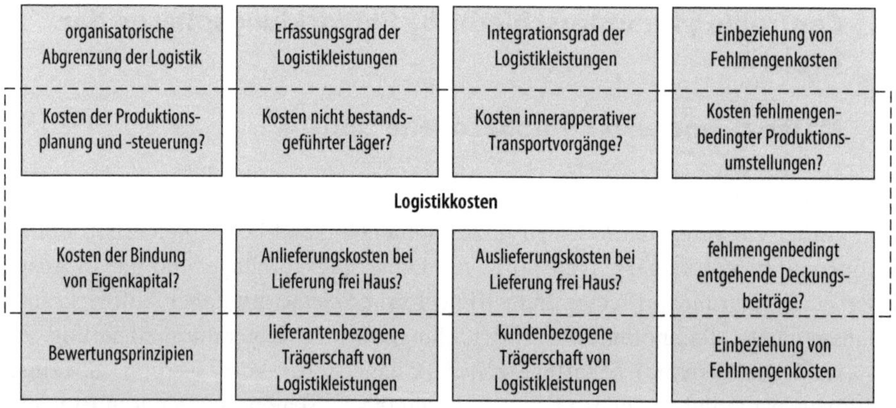

Abb. 2.2 Überblick über die Breite des Problems der Abgrenzung von Logistikkosten. (entnommen aus [Web10, 181])

Beträge, die vorher in Sammel- oder Leitkostenstellen (z. B. Vertriebsleitung, Beschaffung insgesamt) „untergegangen“ waren. Von methodischer Sicht der Kostenrechnung her ergeben sich dabei kaum signifikante und erst recht keine neuen Probleme. Eine Erhöhung der Kontierungs-Differenzierung reicht aus.

Etwas mehr Neuland gilt es zu betreten, wenn in den *Logistikkostenstellen* nicht nur Kosten erfasst, sondern auch geplant und kontrolliert werden sollen. Kostenrechnerische Schwierigkeiten resultieren dann aus dem Dienstleistungscharakter der Lager-, Transport- und Umschlagsleistungen. Ihre schwierigere Definier- und Meßbarkeit (vgl. ausführlich [Web10, 133–137]) führt zum einen zur Notwendigkeit komplexerer Beschäftigungsmaße; die Tab. 2.1 zeigt dies in ihrem oberen Teil. Zum anderen resultiert aus ihrer in der Regel geringeren Maschinengebundenheit ein loserer Zusammenhang zwischen Kostenverhalten und Beschäftigung. Der Produktionsfunktion als Basis der Kostenspaltung für die Sachgüterproduktion steht hier ein vergleichsweise vager, von den menschlichen Aufgabenträgern relativ stark zu beeinflussender Zusammenhang gegenüber. Noch weniger, als dies für Produktionskostenstellen gilt, verändern sich variable Logistikkosten unmittelbar und „funktional sauber“ mit Änderungen der Beschäftigung; die Spaltung in variable und fixe Kosten gewinnt noch stärker Indikatorcharakter (vgl. ausführlich [Web10, 181]).

Um die Rolle der Kostenrechnung im betrachteten Logistikkontext näher zu verstehen, hilft eine in der Kostenrechnungs-Literatur verwendete Differenzierung weiter, die drei divergente Zwecksetzungen unterscheidet (vgl. allgemein [Web14, 81–86], speziell [Hom98]):

- Die Informationen der Kostenrechnung können direkt zur Fundierung oder Kontrolle spezieller Entscheidungen genutzt werden. In diesem Fall lösen sie unmittelbar Handlungen der Manager aus. Diese entscheidungs- und handlungsnahe Art der Nutzung der Informationen der Kostenrechnung sei *instrumentell* genannt. Sie trifft – quasi in Reinform – für die angesprochene Ermittlung der Logistik-Gesamtkosten zu, zumindest dann, wenn der Controller eine objektive Sicht durchhält.
- Darüber hinaus fördern Kostenrechnungsinformationen das allgemeine Verständnis des Geschäfts und der Situation, in der sich der Manager befindet. Die Informationen führen hier allerdings nicht zu konkreten Entscheidungen. Wenn die Informationen die Denkprozesse und Haltungen der Manager beeinflussen, wird dies *konzeptionelle* Nutzung der Kostenrechnungsinformationen genannt. In diesem Feld ist die hauptsächliche Motivation für die kostenstellenbezogene Erfassung der Logistikkosten zu sehen. Ihr gleichberechtigter Ausweis richtet die Management Attention neu aus; gleiches gilt für ihre gleichberechtigte Planung. Damit wird ein Zuwachs an Bedeutung signalisiert und erreicht, dass sich die Logistik von einem freien Gut zu einer knappen (und teueren) Ressource verändert.
- Die dritte Art der Nutzung löst sich explizit von der Annahme, dass die Informationen zuerst vom Manager verarbeitet werden, um unmittelbar oder zu einem späteren

Tab. 2.1 Beispiel eines Kostenstellenberichts für eine Transportkostenstelle. (entnommen aus [Web10, 257])

Bezugsgröße:	Ladeeinheiten, differenziert in drei Typen				
	Behältertyp 1	Äquivalenzziffer: 0,90			
	Behältertyp 2	Äquivalenzziffer: 1,25			
	Paletten	Äquivalenzziffer: 1,00			
	Bezugsgrößenmengen				
	Behältertyp 1	Ist:	3.825	Plan:	4.000
	Behältertyp 2	Ist:	6.255	Plan:	6.000
	Paletten	Ist:	9.550	Plan:	9.500

Kostenkategorien / Kostenarten	Variable Kosten			Fixe Kosten		
	Ist-Kosten	Plan-Kosten	Abweichung	Ist-Kosten	Plan-Kosten	Abweichung
Löhne	20.167	20.000	– 167	0	0	0
Lohnnebenkosten	16.455	16.000	– 455	0	0	0
Lohnkosten	36.622	36.000	– 622	0	0	0
Gehälter	0	0	0	4.873	4.875	2
Gehaltnebenkosten	0	0	0	1.252	1.250	– 2
Gehaltskosten	0	0	0	6.125	6.125	0
Personalkosten	36.622	36.000	– 622	6.125	6.125	0
Treibstoffkosten	3.523	3.500	– 23	0	0	0
Abschreibungen	0	0	0	8.500	8.500	0
Kapitalbindungskosten	0	0	0	1.200	1.200	0
Wartungskosten	2.055	1.500	– 555	0	0	0
Instandsetzungskosten	1.005	1.750	745	0	0	0
Sonstige Kosten	0	0	0	455	500	45
Staplerkosten	6.583	6.750	167	10.155	10.200	45
Treibstoffkosten	2.587	2.700	113	0	0	0
Abschreibungen Zugmaschinen	0	0	0	6.400	6.400	0
Abschreibungen Hänger	0	0	0	1.150	1.150	0
Kapitalbindungskosten	0	0	0	900	900	0
Wartungskosten	595	500	– 95	0	0	0
Instandsetzungskosten	0	1.000	1.000	0	0	0
Sonstige Kosten	0	0	0	376	300	– 76
Zugmaschinenkosten	3.182	4.200	1.018	8.826	8.750	– 76
Raumkosten	0	0	0	455	455	0
Transportschäden	235	1.000	765	0	0	0
Sonstige Kosten	0	0	0	788	1.000	212
Sonstige Kosten	235	1.000	765	1.243	1.455	212
Gesamtkosten	46.622	47.950	1.328	26.349	26.530	181
Umlage Leitung				3.609	3.880	270

> Zeitpunkt in Kenntnis der Informationen Entscheidungen zu treffen. Als *symbolische* Nutzung sei es bezeichnet, wenn die Kostenrechnungsinformationen erst dann benutzt werden, wenn die Entscheidung an sich schon getroffen ist, die Informationen aber zur Durchsetzung eigener Entscheidungen und Beeinflussung anderer Organisationsmitglieder angewandt werden. Hier wäre die anfangs angesprochene Situation einzuordnen, dass der Controller mit Absicht Abgrenzungen der *Logistikkosten* so vornimmt, dass hohe oder geringe Werte resultieren. Ein weiteres – empirisches – Beispiel ist der bewusst überhöhte Ansatz von *Kapitalbindungskosten*, um die Logistikverantwortlichen zu einer deutlichen Reduzierung der Lagerbestände zu bringen, die sich bei dem Ansatz „normaler" Zinskosten nicht rechnen würde.

Kostenrechnung ist – so zeigt die kurze Argumentation – in der ersten Phase der Logistikentwicklung überwiegend konzeptionell zu verstehen. Die instrumentelle Nutzung tritt wie die symbolische dahinter zurück. Instrumentell dominieren Investitionsrechnungen, die auf fallweisen Analysen, nicht oder nur in geringem Maße auf Zahlen der laufenden Kostenrechnung basieren.

Eine stärker instrumentelle Bedeutung erlangen die parallel zur Kostenrechnung aufgebauten Leistungsrechnungs- und Kennzahlensysteme (vgl. ausführlich [Web10, 133–153]. Die dort ausgewiesenen Zahlen besitzen einen direkteren Bezug zur logistischen Leistungserstellung und lassen sich folglich einfacher zur kurzfristigen Steuerung einsetzen. Ihre Ausrichtung ist dabei wiederum kostenstellenbezogen. Die Tab. 2.2 zeigt ein Beispiel für ein Lager.

Tab. 2.2 Beispiel eines Kennzahlensets für ein Lager. (entnommen aus [Web10, 149])

Leistungsbezogene Kennzahlen	Kapazitätsbezogene Kennzahlen
• Zahl gelagerter Artikel • Zahl eingelagerter Lagereinheiten • Zahl ausgelagerter Lagereinheiten • Zahl wieder eingelagerter Lagereinheiten • Zahl umgelagerter Lagereinheiten (davon optimierungsbedingt) • Ein-, Um- und Auslagerungsdauer (Minimum-, Durchschnitts- und Maximumwert, ggf. getrennt nach Teilgruppen) • (flächen-, volumen- oder standplatzbezogene) Belegung des Lagers (Minimum-, Durchschnitts- und Maximumwert) • Kapitalbindung der Lagergüter (Durchschnittswert) • Teilereichweiten (Minimum-, Durchschnitts- und Maximumwert, ggf. getrennt nach Teilgruppen) • Reichweitenabweichungen (Soll-Ist-Differenzen) (Minimum-, Durchschnitts- und Maximumwert, ggf. getrennt nach Teilgruppen) • Anzahl und Dauer von Fehlmengensituationen (ggf. getrennt nach Teilgruppen) • Lagerschadenswert	• geleistete Personalstunden • Anwesenheitsquote • Lagerbereitschaftsgrad falls relevant: • Zahl eingesetzter Stapler • geleistete Betriebsstundenzahl der Fahrzeuge • Zahl der Lagerspiele

2.2.2 Logistik als flussbezogene Koordination innerhalb gegebener unternehmensinterner Strukturen

Die nächste Phase der Logistikentwicklung zieht ihr Rationalisierungspotenzial aus der Beeinflussung des an die Logistik herangetragenen Bedarfs an material- und warenflussbezogenen Dienstleistungen. Lohnt sich etwa eine bedarfssynchrone Bereitstellung von Material angesichts hoher Kosten der Beschaffungslogistik für sich alleine betrachtet nicht, gewinnt sie in Just-in-time-Konzepten wirtschaftliche Vorteilhaftigkeit, wenn eine integrierte Sicht die Nutzen in der Produktions- und Distributionslogistik hinzunimmt. Ein Schwerpunkt des Logistik-Controlling liegt in diesem Kontext folglich auf der ökonomischen Untermauerung derartiger Integrationsprojekte und -ansätze.

Mit der gestiegenen Verknüpfung der einzelnen TUL-Funktionen über das Unternehmen hinweg steigt die unternehmensinterne Bedeutung der Logistik. Ihr folgt die zunehmende „Gleichberechtigung" der Logistik im Unternehmenscontrolling. Dies bedeutet zum einen die Einrichtung entsprechender dezentraler Controllerstellen. Zum anderen wird die Logistik mit den bislang nur für die Kernprozesse geltenden Anforderungen der operativen und strategischen Planung konfrontiert. Die Logistik hat ihre Budgets ebenso analytisch getrieben festzulegen und zu begründen, wie sie ihren Beitrag zur strategischen Entwicklung des Unternehmens leisten muss. Der Schwerpunkt der Controllingaufgaben wechselt in Folge von Informationsbereitstellung, wie er für die erste Phase der Logistikentwicklung typisch war, zur Verbindung von Information, Planung und Kontrolle als neuem potenziellen Rationalitätsengpass. Typische Instrumente hierfür sind Budgetierungs- und Zielsetzungstechniken (von Vergangenheitswerten bis hin zu Benchmarks), Planungshilfsmittel strategischer wie operativen Charakters und systematische Abweichungsanalysen.

Der grundsätzliche Fokus auf die Logistik ändert sich schließlich in dieser zweiten Phase der Logistik-Entwicklung nicht. Er liegt weiterhin auf Effizienz. Auch in strategischen Überlegungen nimmt die Logistik eine dienende Rolle ein; sie ermöglicht *Geschäftsfeldstrategien* (z. B. durch die Möglichkeit hoher Lieferflexibilität), nimmt aber keinen nennenswerten gestaltenden Einfluß auf diese.

2.2.3 Logistik als flussbezogene Gestaltung unternehmensinterner Strukturen

In der dritten Phase vollzieht die Logistik eine sehr grundlegende Entwicklung: Signifikante Verbesserungen sind nur noch dann zu erzielen, wenn strukturelle Veränderungen des Unternehmens realisiert werden. Dies führt über die TUL-Funktionen weit hinaus und bedeutet insbesondere die Notwendigkeit, die Logistik exponiert in der strategischen Planung zu verankern. Controlling hat hierfür die Grundlagen zu schaffen und den Weg zu bereiten. Gleichzeitig verändert sich der grundsätzliche Fokus: die Logistik kann in dieser Phase der Entwicklung nicht mehr als rein dienende Funktion gesehen werden; von ihr werden vielmehr aktive Beiträge zur Weiterentwicklung des Unternehmens verlangt. Die Effizienzsicht

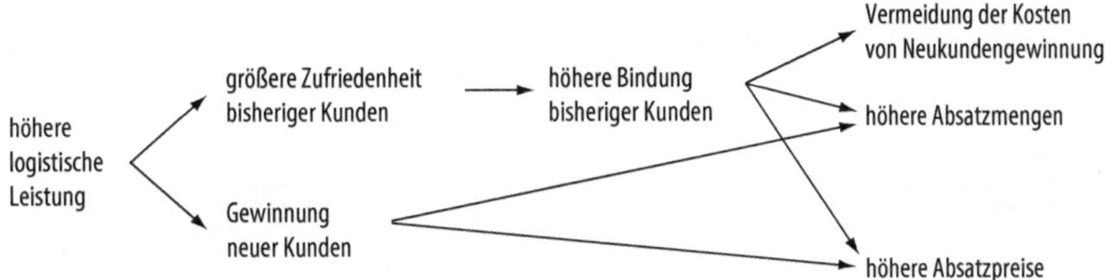

Abb. 2.3 Struktur der möglichen Erfolgswirkungen logistischer Leistungen

weitet sich zu einer Effektivitätsbetrachtung. Dies bedeutet, differenziert, detailliert und intensiv über mögliche Erlöswirkungen der Logistik nachzudenken. Die Abb. 2.3 liefert hierzu einen Denkrahmen. Sowohl für die Logistik als auch für das Controlling gilt es hier jedoch, in erheblichem Maße Neuland zu betreten. Auf dem Feld einer derart marktorientierten Logistikplanung (vgl. ausführlich [Kam02]) bestehen derzeit in den Unternehmen – sowohl strategisch wie operativ – häufig noch erhebliche Lücken. Die Schließung dieses Rationalitätsengpasses kann zu einer entsprechenden Ergänzung der Erlösrechnung führen, deren Nutzung sowohl die instrumentelle wie die konzeptionelle Rolle beinhaltet. Ihre Informationen dienen sowohl der operativen wie der strategischen Planung.

In der strategischen Planung kommt der Logistik die Rolle einer (potenziellen) strategischen Fähigkeit zu, für die eine *Funktionalstrategie* zu erstellen ist. Funktional- und Geschäftsfeldstrategien stehen dabei in einem produktiven Spannungsverhältnis zueinander: Strategische Fähigkeiten eröffnen neue Geschäftsfelder ebenso, wie umgekehrt bestehende Geschäftsfelder oder neu ins Auge gefasste Erfolgspotenziale zu ihrer Realisierung strategische Fähigkeiten verlangen. Letztlich dienen beide Strategieebenen dazu, den Wert des Unternehmens zu erhalten und weiterzuentwickeln. Methodisches Hilfsmittel, dieses zu messen, bietet das Konzept des Shareholder Value (vgl. z. B. [Web04]). Aufgabe des Controlling ist es, das Instrumentarium und die benötigten Informationen sicherzustellen, den Planungsprozess zu begleiten und die Umsetzung der gefundenen Strategien durch Prämissen- und Durchführungskontrollen (vgl. [Web14, 396]) zu unterstützen. Bezogen auf das Discounted Cash Flow-Verfahren zeigt die Abb. 2.4 mögliche Ansatzpunkte von wertsteigernden Logistikstrategien. Die angesprochenen Erlöswirkungen der Logistik finden dabei Eingang in die Bestimmung der den Free Cash Flows zugrundeliegenden Einzahlungsreihen.

Grundsätzliche Kenntnis der Erlöswirkungen der Logistik ermöglicht es weiterhin, solche Strukturüberlegungen anzustellen und zu entscheiden, die schematisch die Abb. 2.5 zeigt. Die Logistik wird hier in der bestehenden Markteinbindung des Unternehmens optimiert. Innerhalb dieses Prozesses gilt es, diverse Struktursegmente zu verändern, wie die Produkt-, Distributions-, Produktions- und Beschaffungsstruktur. Das Controlling hat hier – mit instrumentellem Verwendungsfokus – fallweise Informationen zu liefern und Planungsunterstützung zu leisten. Insbesondere für die Bestimmung der Produktstruktur kommt dem Controlling dabei die Aufgabe zu, die „richtigen" Kosten der Produkte zu ermitteln, also diejenigen Beträge, die sich unter Einbeziehung der unterschiedlichen

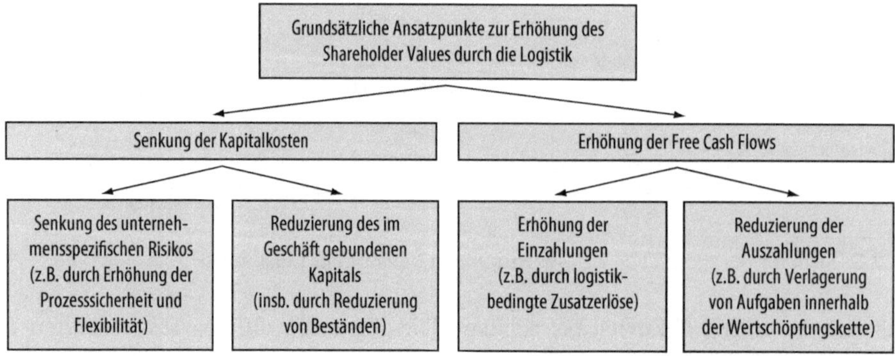

Abb. 2.4 Logistik und Shareholder Value

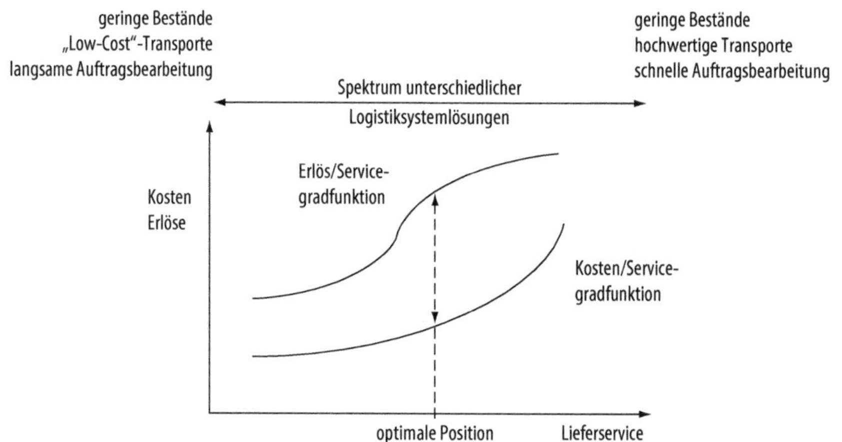

Abb. 2.5 Beispiel für den Wandel einer Effizienz- zu einer Effektivitätsbetrachtung der Logistik. (verkürzt entnommen aus [Web98, 180])

Inanspruchnahme logistischer Kapazitäten und Prozesse ergeben. Typische Erfahrung ist, dass die traditionelle Kostenrechnung Varianten zu gering und Standardprodukte zu hoch kalkuliert, da die Logistikkosten als Gemeinkosten falsch alloziert werden. Als instrumentelles Hilfsmittel zur Lösung des Kalkulationsproblems bietet sich die *Prozesskostenrechnung* an, die erhebliche Überschneidungen zu einer Logistikkostenrechnung aufweist (vgl. zur Beziehung [Web10, 203–224]).

Ist die strategische Ausrichtung adäquat geleistet, kommt es darauf an, die Strukturänderungen in operatives Handeln umzusetzen. Hierin liegt nicht nur für den Bereich der Logistik häufig ein erhebliches Verbesserungspotenzial in den Unternehmen vor. Als geeignete Instrumente, diesen Rationalitätsengpass zu schließen, werden Hoshin-Pläne, Werttreiberbäume oder Kennzahlen genannt (vgl. [Web14, 375–388]). Die Abb. 2.6 zeigt das Konzept selektiver Kennzahlen, das in einem Arbeitskreis am Lehrstuhl Controlling und Logistik

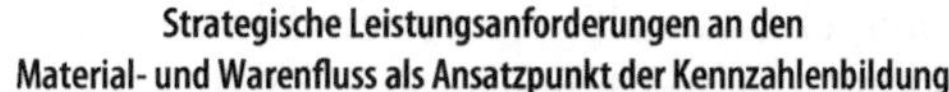

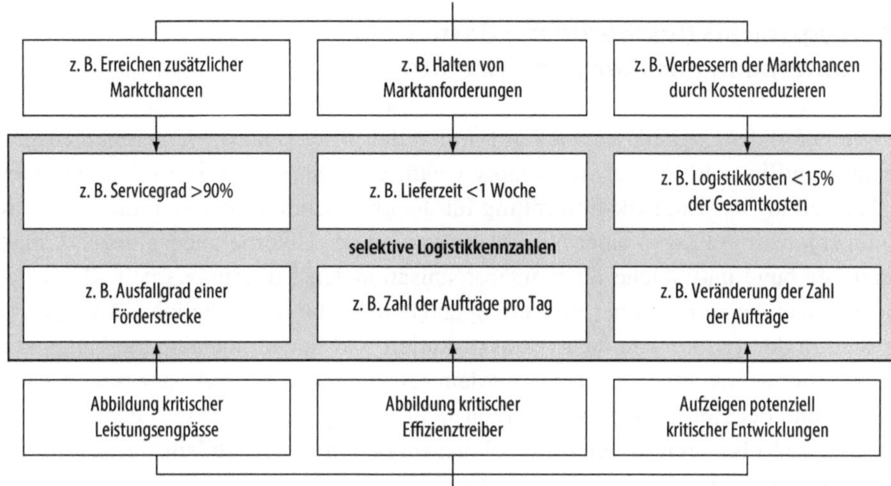

Abb. 2.6 System selektiver Kennzahlen

der WHU – Otto Beisheim School of Management entwickelt wurde (vgl. [Web95]). Es baut auf der Idee strategischer Erfolgsfaktoren und operativer Engpässe auf und zwingt das Management zur Konzentration auf wenige, zentral bedeutsame Größen. Fokussierung kennzeichnet das Konzept, das sich hierin deutlich vom Ansatz der Balanced Scorecard unterscheidet. Die Verwendung der im Kennzahlentableau enthaltenen Informationen ist dabei primär instrumenteller Natur; der Struktur hingegen kommt konzeptionelle Bedeutung zu.

Insgesamt – so haben die Ausführungen deutlich gemacht – bedeutet der Eintritt der Logistik in die dritte Entwicklungsphase eine Vielzahl erheblicher Veränderungen. Diese strahlen auch auf das Logistik-Controlling aus. Sie sind derart umfangreich, dass in der Realisierung des Entwicklungsschritts parallel und/oder sukzessiv unterschiedliche Führungsprobleme wirksam werden. Neue Informationsgrundlagen sind ebenso aufzubauen, wie Planungsinstrumente und -prozesse zu implementieren sowie mit entsprechenden Kontrollen zu verbinden. Die mit der Neugestaltung des Prozesssystems zwangsläufig verbundenen erheblichen Organisationsänderungen bilden schließlich ebenso Gegenstand eines potenziellen kritischen Führungsproblems wie die in vielen Unternehmen vernachlässigte Verbindung der operativen und strategischen Steuerung mit der Anreizgestaltung (z. B. in Form entsprechender Leistungsanreize). Insgesamt ergibt sich damit für das Controlling eine umfassende, heterogene und ambitionierte Aufgabenstellung, die Controller in ihrer Breite häufig nicht alleine bewältigen können. Ein Teil der Controllingfunktion ist damit externen Beratern, Stäben oder Linienverantwortlichen zu übertragen.

2.2.4 Logistik als flussbezogene Gestaltung unternehmensübergreifender Strukturen

Die letzte Phase der Logistik-Entwicklung weitet den Blick über die Unternehmensgrenzen hinaus und bezieht Partner der Supply Chain ein. Die komplexe und ambitionierte Aufgabenstellung des Logistik-Controlling für die unternehmensinterne Flußorientierung wird nun ergänzt um Fragen einer Neupositionierung der Unternehmensgrenzen („make, cooperate or buy" und solche einer interorganisationalen Zusammenarbeit. Beide sind von herausragender strategischer Bedeutung und damit sehr grundsätzlicher Art. Die erste Frage wird in der Theorie seit langer Zeit diskutiert und findet eine aktuelle Verstärkung im Konzept der Kernkompetenzen, das auf dem ressourcenbasierten Ansatz fußt. Auch die Gestaltung und der Betrieb von Netzwerken stehen seit geraumer Zeit in der Theorie im Rampenlicht und besitzen in der Unternehmenspraxis hohe Beliebtheit (ein Beispiel ist die Star Alliance im Airline-Passagebereich).

Um beide Fragestellungen auf ihre Bedeutung für ein Unternehmen beurteilen zu können, ist es im ersten Schritt erforderlich, potenzielle Chancen und Risiken herauszuarbeiten. Die Abb. 2.7 veranschaulicht für eine einzelne Kunden-Lieferanten-Beziehung das Vorgehen für die gewinnbaren Nutzen schematisch und skizzenhaft. Das Controlling fungiert in dieser Phase wiederum als Informations- und Methodenlieferant. Derartige Analysen für die wichtigsten Wertschöpfungspartner zeigen das Potenzial einer gemeinsamen Abstimmung in der Kette auf. Dieses ist zwischen den Partnern gerecht zu verteilen. Hierzu bedarf es vergleichbarer Wettbewerbspositionen. Unterschiedliche Machtstärke

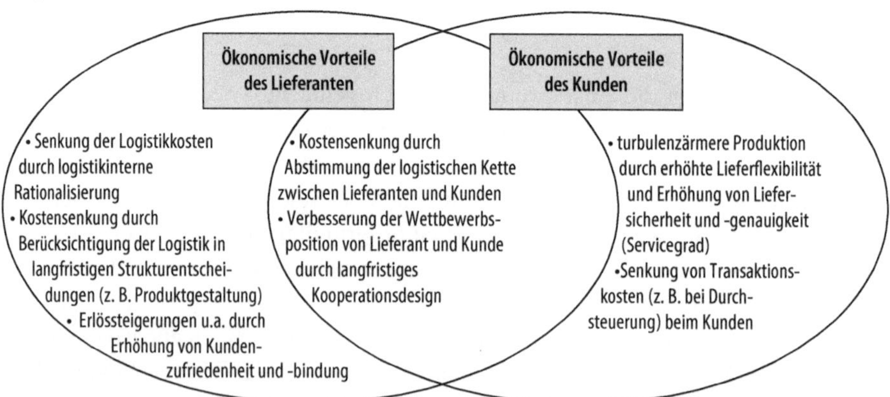

Abb. 2.7 Schematische Darstellung des Nutzenpotenzials der Logistik in einer relationalen Kunden-Lieferanten-Beziehung

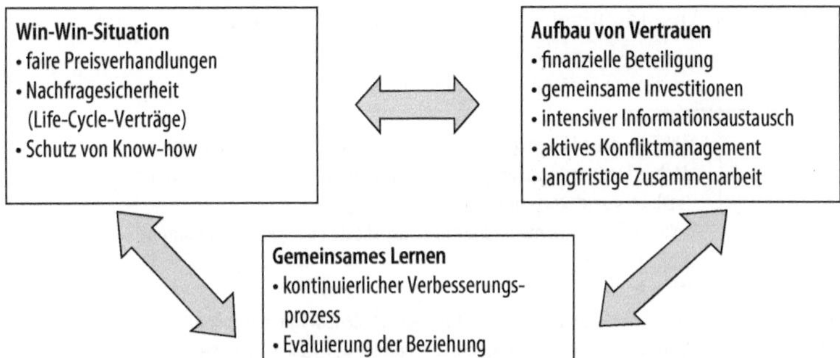

Abb. 2.8 Bedingungen für die Funktionsfähigkeit von Netzwerkbeziehungen am Beispiel von Wertschöpfungspartnerschaften

ist ein Treibsatz jeder engen Zusammenarbeit. Ebenso muss Vergleichbarkeit hinsichtlich des Entwicklungspotenzials der Partner bestehen, da dem Netzwerk ansonsten die Gefahr innewohnte, schon nach kurzer Zeit instabil zu werden.

Sind die Vorüberlegungen abgeschlossen, geht es um die konkrete Ausgestaltung der Netzwerkbeziehungen. Vor dem Erfahrungshintergrund von Wertschöpfungspartnerschaften in der Automobilindustrie listet die Abb. 2.8 wichtige Bedingungen für die Funktionsfähigkeit einer solchen engen Zusammenarbeit auf.

Die kurzen Ausführungen machen bereits deutlich, wie anspruchsvoll die Aufgabenstellungen sind, die sich der Logistik in der vierten Stufe ihrer Entwicklung stellen. Gleiches gilt für die rationalitätssichernde Funktion des Controllings (vgl. umfassend [Bac04]). Faktisch werden sich beide Funktionen in der Gestaltungsphase kaum trennen lassen: Rationalitätsgenerierung geht Hand in Hand mit Rationalitätssicherung, dies sowohl funktional wie aufgabenträgerbezogen: Controller arbeiten als interne Berater eng mit den Logistikmanagern zusammen. Erst in der Phase des Netzwerkbetriebs sind signifikante Spezialisierungen zu erwarten. Eine zentrale Aufgabe besteht dann für das Controlling darin, eine tragfähige Basis für den Vorteilsausgleich innerhalb der Kette zu schaffen. Für die Verrechnungspreisbestimmung und -kontrolle bietet sich hierzu eine durchgängige Logistik- bzw. Prozesskostenrechnung an, die – einfach und transparent gestaltet – Dokumentationsaufgaben übernimmt.

2.3 Ausblick

Logistik-Controlling zeigt sich in der Praxis sehr unterschiedlich ausgeprägt. Dies gilt für die inhaltliche Breite ebenso wie für die Realisierungsintensität. Der Grund hierfür liegt weniger in mangelnder Perzeption vorliegender Erkenntnisse, als vielmehr in der starken Kontextabhängigkeit sowohl der Logistik als auch des Controlling.

Unabhängig von dieser Heterogenität, die zusammenfassend die Tab. 2.3 veranschaulicht, gibt es allerdings einige gemeinsame Schwerpunkte des Logistik-Controllings festzuhalten:

Tab. 2.3 Überblick über Ausprägungsformen des Logistik-Controlling

Logistiksichten	Ausprägung des Logistik-Controllings
TUL-Logistik	• Abbildung der Material- und Warenflüsse in der Kostenstellenrechnung • Aufbau eines Kennzahlensystems zur kostenstellenbezogenen Steuerung (inkl. Leistungserfassung) • Fokus: Effizienz (Minimierung der Logistikkosten bei gegebenem Output – Einhaltung der „vier r")
flussorientierte Koordination innerhalb bestehender interner Strukturen	• Erweiterung der Betrachtung auf kostenstellenübergreifende Fragestellungen (z. B. Just-in-Time-Versorgungskonzepte) in fallweisen Analysen • Einbindung der Material- und Warenflussprozesse in die operative Planung und monatliche Plan-Ist-Kontrolle • Fokus wie in der Vorphase
flussorientierte Gestaltung interner Strukturen	• starke Ausweitung der Untermauerung von organisatorischen Fragestellungen (z. B. Geschäftssegmentierungen, Business-Process-Reengineering-Projekte) • Einbindung der Logistik in die Kostenträgerrechnung („Prozesskostenkalkulationen") • verstärkte Einbeziehung von Marktanforderungen und deren Gestaltung (Servicegrade); Veränderung des Produktprogramms • Fokus zunehmend von Effizienz zu Effektivität wechselnd (Optimierung des Logistikleistungsniveaus, Ermöglichung von Differenzierung)
flussorientierte Gestaltung unternehmensübergreifender Strukturen	• Ausweitung der Untermauerung von organisatorischen Fragestellungen auf Supply Chains • Lieferung von Kosten- und Leistungswerten als Basis unternehmensübergreifender Netzwerkbeziehungen • Fortsetzung der strategischen Sichtweise der Logistik (z. B. im Rahmen der Repositionierung der Unternehmensgrenzen) • Fokus: Effektivität (Steigerung des Unternehmenswertes)

- Im Bereich der Kostenrechnung sind die konzeptionellen Vorarbeiten in Form einer Logistik- oder Prozesskostenrechnung weit vorangeschritten. Die zunehmend verbesserte BDE-Situation erleichtert die praktische Implementierung ebenso wie leistungsfähige Standardsoftware. Herausforderungen liegen in der Übertragung des Konzepts auf unternehmensübergreifende Beziehungen (Netzwerke).
- Auf der Leistungsseite der Logistik besteht der Engpass weniger in der Datenerhebung als in der durchgängig konsistenten und einheitlichen Datendefinition (z. B. eines Servicegrades). Kennzahlensysteme wandeln sich von Zahlengräbern zu strategisch fokussierten Steuerungsinstrumenten, wobei die Wegstrecke zur Erreichung dieses Ziels in vielen Unternehmen immer noch weit ist.
- Die Erlöswirkungen der Logistik zu bestimmen, ist ein sehr fruchtbares, bislang jedoch kaum bearbeitetes Problemfeld. Hier wird in allen Unternehmen, in denen die Logistik die reine Transport-, Lager- und Umschlagsicht überwunden hat, auch in Zukunft noch erheblicher Arbeitsbedarf bestehen.
- Eine Integrationsnotwendigkeit im Bereich der Planung besteht insbesondere für die strategische Positionierung der Logistik. Hier ist der Hebel anzusetzen, um den Sprung von einer reinen Effizienzsicht (Erfüllung der vier „r") zu einer Effektivitätsbetrachtung

zu schaffen. Der internationale Erfolg der Supply Chain-Bewegung lässt hier einiges hoffen.

- Je stärker sich die Logistik entwickelt, desto breiter wird das zu lösende Gestaltungsproblem. Organisations- und Personalführungsfragen treten hinzu und bestimmen die Veränderungen der Strukturen und Prozesse wesentlich mit. Logistik wie Controlling müssen ihre Aufgabe als umfassende Organisationsentwicklung verstehen.

Logistik-Controlling wird deshalb auch in Zukunft ein Feld sein, auf dem es sich lohnt zu arbeiten, und dies in der Praxis ebenso wie in der Theorie.

Literatur

[Bac04] Bacher, A.: Instrumente des Supply Chain Controlling. Theoretische Herleitung und Überprüfung der Anwendbarkeit in der Unternehmenspraxis, Wiesbaden 2004.

[Blu06] Blum, H. St.: Logistik-Controlling. Kontext, Ausgestaltung und Erfolgswirkungen, Wiesbaden 2006.

[Hom98] Homburg, Chr., Weber, J., Aust, R., Karlshaus, J.T.: Interne Kundenorientierung der Kostenrechnung – Ergebnisse der Koblenzer Studie –, Schriftenreihe Advanced Controlling, Bd. 7, Vallendar 1998.

[Kam02] Kaminski, A.: Logistik-Controlling. Entwicklungsstand und Weiterentwicklung für marktorientierte Logistikbereiche, Wiesbaden 2002.

[Sch15] Schäffer, U., Weber, J.: Controlling. Trends und Benchmarks, Vallendar 2015.

[Sch04] Scherm, E., Pietsch, G. (Hrsg.): Controlling. Theorien und Konzeptionen, München 2004.

[Web95] Weber, J. (Hrsg.): Kennzahlen für die Logistik, Stuttgart 1995.

[Web96] Weber, J.: Logistik, in: HWProd, 2. Aufl., Stuttgart 1996, Sp. 1096–1109.

[Web12] Weber, J.: Logistikkostenrechnung. Kosten-, Leistungs- und Erlösinformationen zur erfolgsorientierten Steuerung der Logistik, 3. Aufl., Berlin u.a. 2012.

[Web04] Weber, J., Bramsemann, U., Heineke, C., Hirsch, B.: Wertorientierte Unternehmenssteuerung. Konzepte – Implementierung – Praxisstatements, Wiesbaden 2004.

[Web98] Weber, J., Kummer, S.: Logistikmanagement. Führungsaufgaben zur Umsetzung des Flußprinzips im Unternehmen, 2. Aufl., Stuttgart 1998.

[Web14] Weber, J., Schäffer, U.: Einführung in das Controlling, 14. Auflage, Stuttgart 2014.

[Web10] Weber, J., Wallenburg, C.M.: Logistik- und Supply Chain Controlling, 6. Aufl., Stuttgart 2010.

Logistik-Benchmarking

3

Wolfgang Stölzle und Katrin Oettmeier

3.1 Einführung

Benchmarking hat sich als eine effektive und stark praxisorientierte Managementmethode bewährt, bei der durch den gezielten Vergleich mit anderen Institutionen oder Teilen davon Best Practices identifiziert, auf den eigenen Kontext angepasst und integriert werden können. Eine branchenübergreifende Studie des Benchmarking Center Europe mit mehr als 100 teilnehmenden deutschen Unternehmen zeigt auf, dass fast 60% der Unternehmen schon mindestens einmal Benchmarking eingesetzt haben. Bei weiteren rund 12% ist der Einsatz von Benchmarking in Planung [Sch11].

Trotz der weit verbreiteten Nutzung der Benchmarking-Methode ist die systematische Erfassung von logistischen Prozessen und deren Vergleich mit anderen Unternehmen oder Unternehmensteilen nach wie vor kein Standard in der Praxis. Die Untersuchungen des Benchmarking Center Europe zeigen, dass nur knapp ein Viertel der befragten Unternehmen schon Benchmarking-Projekte in der Logistik durchgeführt haben [Sch11]. Potentielle Verbesserungs- und Kostensenkungsmöglichkeiten, die durch einen Vergleich zum Beispiel mit Wettbewerbern im Zuge eines externen Logistik-Benchmarkings aufgedeckt werden können, bleiben somit ungenutzt. Zudem werden etablierte Praktiken im Unternehmen aufgrund von Intransparenz bezüglich der Logistikprozesse innerhalb und zwischen verschiedenen Standorten oft nicht erkannt und genutzt – ein Problem, dem ein internes Logistik-Benchmarking Abhilfe bieten kann.

Ein Grund für die schwache Verbreitung von Benchmarking in der Logistik könnte bei den für die Logistik verantwortlichen Führungskräften liegen: Sofern überwiegend

W. Stölzle (✉) · K. Oettmeier
Universität St.Gallen, Dufourstraße 40a, 9000 St. Gallen, Schweiz
e-mail: wolfgang.stoelzle@unisg.ch; katrin.oettmeier@unisg.ch

K. Furmans, C. Kilger (Hrsg.), *Infrastruktur und Controlling der Logistik*,
Fachwissen Logistik, https://doi.org/10.1007/978-3-662-57947-3_3

Ingenieure die Führungspositionen einnehmen, dominieren technische und operative Fragestellungen das Führungshandeln. Strategische Themen, beispielsweise die Auswahl von Managementinstrumenten (zu denen auch das Benchmarking gehört), werden hingegen eher vernachlässigt [Web01]. Ähnliches gilt für Führungskräfte, welche als Quereinsteiger ohne wirtschaftswissenschaftlichen Hintergrund in Logistikpositionen tätig sind: Hier ist häufig ein mangelndes Wissen die über Bedeutung und Anwendung verschiedener betriebswirtschaftlicher Methoden zu beobachten.

Ein weiterer Grund für die weniger ausgeprägte Nutzung der Benchmarking-Methode in der Logistik könnte an der besonderen Herausforderung liegen, den Untersuchungsgegenstand des Benchmarkings („Benchmarking-Objekt") klar zu definieren. Gemäss der Studie des Benchmarking Center of Europe sind bei der Wahl des Benchmarking-Objekts beachtliche Defizite in der Praxis zu beobachten [Sch11]. Die genaue Festlegung des Untersuchungsgegenstands im Vorfeld einer Benchmarking-Studie ist von entscheidender Bedeutung, da dies Einfluss auf die Wahl der erforderlichen Ansprechpartner („Benchmarking-Partner") und Methoden hat.

Eine klare Abgrenzung des Benchmarking-Objekts ist beim Logistik-Benchmarking besonders problematisch, weil die Logistik eine Querschnittsfunktion mit vielen Schnittstellen zu anderen Unternehmensbereichen bildet und daher unterschiedliche Auffassungen über ihren Gegenstandsbereich existieren. Zu Beginn einer Logistik-Benchmarking-Studie ist somit eine intensive Projektvorbereitungsphase mit speziellem Fokus auf die Definition und Zerlegung des Benchmarking-Objekts erforderlich, um den gewünschten Untersuchungsgegenstand möglichst genau abzustecken.

Verbesserungs- und Lernmöglichkeiten im logistischen Bereich lassen sich jedoch nicht nur allein durch einen generell stärkeren Einsatz von Logistik-Benchmarking erschliessen. Der Umfang, in dem Benchmarking in der Logistik genutzt wird, hat auch einen bedeutenden Einfluss darauf, wie hoch das Potenzial ist, durch Benchmarking tiefgreifende Veränderungen zu bewirken. In der Praxis zeichnet sich zunehmend ein Trend zu weniger zeitintensiven und häufiger stattfindenden Benchmarking-Aktivitäten ab [Ame09]. In regelmässigen Abständen werden oft nur diejenigen Aspekte untersucht, die sich leicht messen lassen, während umfangreichere Benchmarking-Projekte seltener durchgeführt werden. Meist kommt auf Umfragen oder Messdaten basierendes Benchmarking zum Einsatz, das konkrete Daten liefert, welche die Berichterstattung zum Projektergebnis vergleichsweise einfach gestalten.

Indem sich die Unternehmen auf kurzfristige Benchmarking-Aktivitäten fokussieren, lassen sich in der Regel Defizite identifizieren. Allerdings sind meistens grössere Anstrengungen notwendig, um die eigentlichen Gründe für die Leistungslücken zu erforschen und zu beseitigen [Ame09]. In der Logistik lassen sich beispielsweise Daten zu Fehlerquoten und Liefertreue relativ leicht erfassen und sind daher häufig Gegenstand von Benchmarking-Studien. Im Gegensatz dazu ist der Beitrag der Logistik zum Unternehmensergebnis nur schwer messbar und daher weniger beleuchtet, wenngleich eine Benchmarking-Studie zu dieser Thematik wertvolle Informationen für strategische Entscheidungen liefern würde.

Nur durch die vollumfängliche Nutzung von Benchmarking in der Logistik, also durch den Einsatz von einer Kombination aus kleinen, kurzfristigen und grossangelegten, langfristigen Benchmarking-Aktivitäten, lässt sich das gesamte Potenzial der Benchmarking-Methode ausschöpfen. So können Impulse für Verbesserungen in kleinen Schritten sowie für tiefgreifende, sprunghafte Veränderungen erlangt werden. Das Ausmass, in dem eine Benchmarking-Studie Anstoss für einen Wandel geben kann, ist dabei von der zugrundeliegenden Zielsetzung abhängig. Dient ein Benchmarking-Vergleich lediglich zur schnellen Einordnung der aktuellen Kosten- und/oder Leistungssituation, lassen sich daraus tendenziell eher geringe Optimierungspotenziale identifizieren. Wird eine Benchmarking-Analyse hingegen mit der Motivation aufgesetzt, neue und innovative Praktiken ausfindig zu machen, sind auch beachtliche Verbesserungsimpulse zu erwarten.

Benchmarking-Studien in der Logistik haben stets Projektcharakter. Dies bedeutet, dass die allgemeinen Projektmerkmale auch auf das Logistik-Benchmarking zutreffen (somit spricht man auch von „Logistik-Benchmarking-Projekten"). Projekte verfolgen ein klares Ziel, weisen einen definierten Anfang und ein definiertes Ende auf und haben oft eine komplexe Aufgabenstellung, die eine besondere Koordination und Organisation der einzelnen Aktivitäten erfordert [Dem09]. Des Weiteren zeichnen sich Projekte durch ihre relative Neuheit im Sinne eines Strebens nach neuen Lösungen sowie einer „Einmaligkeit [...] der Bedingungen in ihrer Gesamtheit" aus [Deu09]. Projekte lassen sich damit gegenüber dem Tagesgeschäft abgrenzen.

Ein in der Praxis weit verbreitetes Phänomen bei Benchmarking-Studien ist, dass die Akteure zwar Leistungslücken identifizieren, jedoch keine Verbesserungsprioritäten oder -strategien ableiten, sodass die Benchmarking-Ergebnisse keine Nachhaltigkeit erzielen. Laut einer Studie des American Productivity & Quality Center unter rund 200 Unternehmen gaben die meisten Befragten an, dass Benchmarking in ihrem Unternehmen zur Identifizierung von Leistungslücken und Verbesserungsmöglichkeiten genutzt wird. Eine Benchmarking-Studie umfasst jedoch bei weniger als 20% der Befragten auch Implementierungsstrategien mit dem Ziel der Best-in-Class Performance [Ame09]. Gemäss seinem ursprünglichen Verständnis sollte Benchmarking jedoch nicht nur zur schnellen Einordnung der eigenen Leistungs- bzw. Kostenposition dienen, sondern als Instrument für kontinuierliche Verbesserungen und Lernen genutzt werden. Ein Logistik-Benchmarking-Projekt ist daher nicht nur auf den Vergleich mit anderen Unternehmen oder Unternehmensteilen (zum Beispiel in Bezug auf das Lieferserviceniveau) auszulegen, sondern sollte auch konkrete Massnahmen beinhalten, um die eigene Performance zu steigern. In der Logistik zählt dazu etwa die Ableitung und Implementierung von Massnahmen zur Verbesserung des Lieferserviceniveaus.

Ein Benchmarking-Projekt in der Logistik kann dabei helfen, Leistungslücken im logistischen Bereich aufzuzeigen und zu schliessen, neue Praktiken zu identifizieren und strategische Entscheidungen, wie die Wahl eines neuen Logistikdienstleisters, zu unterstützen. So lassen sich zum Beispiel mittels einer Benchmarking-Studie im Transport durch den Vergleich der Kosten pro gefahrenen Kilometer Kostenabweichungen im

Fuhrpark identifizieren. Die Ursachen für die Kostendifferenzen können im unterschiedlichen Kraftstoffverbrauch der Fahrzeuge sowie dem individuellen Fahrverhalten der Chauffeure liegen. Als Optimierungsmöglichkeiten lassen sich somit beispielsweise die Modernisierung des Fuhrparks und die Durchführung von Fahrerschulungen zum Thema kraftstoffsparendes Fahren ableiten. In der Praxis ist jedoch eine zunehmende Verwässerung des Benchmarking-Begriffs zu beobachten, wonach Benchmarking meist nur zur schnellen Bestimmung des Status Quo dient und nicht als ein kontinuierlicher Prozess verstanden wird, der nachhaltig dem Lernen und der Verbesserung dient sowie konkreten Handlungsbedarf auslöst.

Im Folgenden wird auf einem Verständnis von Logistik-Benchmarking aufgesetzt, welches dem Anspruch der Benchmarking-Methode gerecht werden soll, kontinuierliche Lerneffekte und Verbesserungen mit Blick auf herausragende Leistungen („best-in-class performance") zu bewirken. Des Weiteren werden verschiedene Arten des Benchmarking aufgezeigt, anhand derer sich Benchmarking-Projekte in der Logistik unterscheiden lassen. Ferner wird der idealtypische Ablauf einer Benchmarking-Studie beschrieben und ein Praxisbeispiel zu einem erfolgreichen Logistik-Benchmarking-Projekt bei einem Automobilzulieferer gegeben. Abschliessend folgen Hinweise im Sinne von Do's und Don'ts beim Logistik-Benchmarking, um Erfolgsfaktoren von Benchmarking-Studien aufzuzeigen bzw. klassische Fehler zu vermeiden.

3.2 Verständnis von Logistik-Benchmarking

Der Begründer des Benchmarking-Begriffs, R. C. Camp, sieht Benchmarking als eine Suche nach Lösungen, die auf den *besten Methoden und Verfahren der Industrie („Best Practices")* basiert und ein Unternehmen zu *herausragenden Leistungen* bringt [Cam89]. Demnach kann Benchmarking als eine Methode verstanden werden, bei der sich die Benchmarking betreibende Organisation an Richt- bzw. Bestwerten orientiert und somit letztendlich selbst zu herausragenden Leistungen („best-in-class performance") befähigt werden soll. Gegenstände des Benchmarking-Vergleichs, sogenannte Benchmarking-Objekte, können beispielsweise Prozesse, Strukturen oder Produkte sein. Mit der Bezeichnung „best-in-class performance" wird häufig suggeriert, dass durch Benchmarking die beste Leistung überhaupt erreicht werden soll. Da Benchmarking jedoch ein Vergleich mit einer Gruppe darstellt, beispielsweise mit Unternehmen derselben Branche, kann allenfalls eine Aussage dazu getroffen werden, ob ein Unternehmen besser abschneidet als seine Vergleichspartner oder nicht.

In einer späteren Schrift erweitert Camp seine Definition von Benchmarking, wonach er es als einen *kontinuierlichen Prozess* beschreibt, bei dem Produkte, Dienstleistungen und Praktiken gegen den stärksten Mitbewerber oder Industrieführer gemessen werden [Cam94]. Die dabei festgestellten Unterschiede können als Ausgangspunkt für die Erarbeitung von Anregungen für Leistungsverbesserungen und die Ausnutzung von Erfolgspotenzialen herangezogen werden.

Benchmarking steht für die „*zielorientierte Suche nach neuen Ideen für Methoden, Verfahren und Prozessen ausserhalb der eigenen Unternehmens-/ Organisationsumwelt*" [Mer09a]. Es ist dabei nicht nur als ein unternehmensübergreifender Vergleich zu verstehen. Stattdessen kann dem Benchmarking-Begriff auch eine Orientierung nach innen zugeschrieben werden, beispielsweise in Form eines Benchmarkings der logistischen Prozesse an verschiedenen Unternehmensstandorten. Folglich steht Benchmarking für einen *Ist-Vergleich mit anderen Unternehmen oder Unternehmensteilen.*

Das Durchführen von Benchmarking-Projekten bedeutet auch die *Sammlung und Verarbeitung von Informationen*. Demnach umfasst Benchmarking zum einen die Suche nach geeigneten „Benchmarks" bzw. Best Practices, zum Beispiel in Form von Kostenkennzahlen, zum anderen die gezielte Analyse und Verarbeitung der erlangten Informationen. Aufgrund des Ziels, durch den Vergleich mit anderen Unternehmen oder Unternehmensteilen Leistungslücken zu identifizieren und zu schliessen, ist Benchmarking auch als *Lernen von anderen* zu verstehen [Wer04].

Benchmarking-Projekte kann es in vielen Bereichen geben, beispielsweise im Marketing, im Controlling und in der Logistik. Die Logistik ist demnach als eine von zahlreichen möglichen Anwendungsfeldern des Benchmarking zu verstehen.

Da Benchmarking nicht das einzige Managementtool ist, welches sich Leistungsverbesserungen zum Ziel setzt, zeigt Tab. 3.1 eine Abgrenzung der Benchmarking-Methode gegenüber anderen relevanten Managementinstrumenten.

Die Gründe, die Unternehmen dazu bewegen, ein Benchmarking in der Logistik durchzuführen, sind vielfältig. Ein Logistik-Benchmarking kann beispielsweise Teil einer unternehmensinternen Innovationsinitiative sein, im Zuge derer neue Praktiken für die Differenzierung

Tab. 3.1 Abgrenzung von Benchmarking gegenüber anderen Managementinstrumenten

Kennzahlenvergleich	**Benchmarking**
Reine Betrachtung der Ergebnisse von Prozessen oder der eingesetzten Technik	Hinterfragung von Leistungsunterschieden und Ableitung von Verbesserungsmassnahmen
Wettbewerbsanalyse	**Benchmarking**
Analyse von Konkurrenzunternehmen	Analyse von Konkurrenzunternehmen, aber auch von branchenfremden Unternehmen und/ oder internen Einheiten
Kaikaku	**Benchmarking**
Grosse, sprunghafte Veränderungen des Arbeitssystems	Eine mögliche Methode im Rahmen von Kaikaku, mithilfe derer sprunghafte Veränderungen angeregt werden können
Audits	**Benchmarking**
Analyse des Ist-Zustands oder des Zielerreichungsgrads	Analyse des Status-Quo anhand eines Vergleichs von Kosten- und/oder Leistungsgrössen mit anderen Unternehmen oder Unternehmensbereichen

vom Wettbewerb ausfindig gemacht werden sollen. Besonders das funktions- und branchenübergreifende („generische“) Benchmarking hat ein hohes innovatives Potenzial und bietet die Möglichkeit, branchenuntypische Vorgehensweisen zu identifizieren. Die zunehmende Konzentration von Unternehmen zurück auf ihre Kernkompetenzen und der damit verbundene Anstieg an Outsourcing kann ebenfalls ein Benchmarking im logistischen Bereich begründen. Eine Benchmarking-Analyse unter Logistikdienstleistern kann zum Beispiel verladenden Unternehmen bei der Entscheidung helfen, welchen Dienstleister sie in Zukunft für die Distribution ihrer Produkte engagieren sollen. Dabei ist der Einsatz der Benchmarking-Methode sowohl bei der Beurteilung bestehender Verträge mit Logistikdienstleistern möglich, als auch bei der Neuvergabe von Verträgen. Ein Logistik-Benchmarking zur Unterstützung von Outsourcing-Entscheidungen kann auch dazu dienen, die selbsterstellten Logistikleistungen mit denen externer Logistikdienstleister zu vergleichen, mit dem möglichen Ergebnis, dass keine Logistikleistungen ausgelagert werden.

3.3 Arten des Logistik-Benchmarking

In der Unternehmenspraxis lassen sich verschiedene Arten von Benchmarking-Studien beobachten. Benchmarking-Projekte können dabei anhand der betrachteten Erfolgsgrössen, Benchmarking-Objekte und Benchmarking-Partner charakterisiert werden. Im Folgenden finden sich die unterschiedlichen Differenzierungskriterien für Benchmarking-Studien.

3.3.1 Erfolgsgrössen

Als Erfolgsgrössen werden im Rahmen von Benchmarking-Projekten typischerweise Messgrössen zu Kosten und Leistungen herangezogen, oder eine Kombination aus beiden. Als Kostenkennzahlen für ein logistisches *Kosten-Benchmarking* können beispielsweise die Kosten pro Wareneingangsposition oder die mittleren Kosten des Transports pro Sendung untersucht werden. Beispiele für Leistungsgrössen, die im Zuge eines logistischen *Leistungs-Benchmarkings* genutzt werden können, sind das Lieferserviceniveau, die Reklamationsquote oder die mittlere Durchlaufzeit im Wareneingang. Bei einem *Kosten- und Leistungs-Benchmarking* in der Logistik kommt eine Kombination aus kosten- und leistungsorientierten logistischen Messgrössen zum Einsatz, beispielsweise die Kosten pro Wareneingangsposition (Kostenkennzahl) und die mittlere Durchlaufzeit im Wareneingang (Leistungskennzahl) [Wer04].

Beim Logistik-Benchmarking sollte der Dienstleistungscharakter der Logistik berücksichtigt werden. Die logistische Leistungserstellung kann dabei in drei Dimensionen untergliedert werden: Das Leistungspotenzial, den Leistungserstellungsprozess und das Leistungsergebnis. Das *Leistungspotenzial* bezieht sich auf die Fähigkeit und die Bereitschaft eines Unternehmens zur Erbringung von Leistungen. Es gibt Aufschluss darüber, ob ein Anbieter generell dazu in der Lage ist, die Kundenanforderungen zu erfüllen. Das logistische Leistungspotenzial sollte daher bei strategischen Entscheidungen, beispielsweise der Wahl eines neuen Logistikdienstleisters, unbedingt berücksichtigt werden. Potenzialfaktoren eines Logistikdienstleisters können beispielsweise das Know-how der Mitarbeitenden, die Dichte und geografische Spannweite des Transportnetzwerks sowie die Grösse der Fahrzeugflotte sein. Ein Güterverkehrsunternehmen mit einem kleinen Fuhrpark und einem starken regionalen Fokus verfügt beispielsweise nicht über genügend Leistungspotenzial, um alle Transportleistungen für ein globales Grossunternehmen zu übernehmen. Der *Leistungserstellungsprozess* lässt sich als eine Kombination von internen Produktionsfaktoren mit externen Faktoren charakterisieren. Die externen Faktoren, wie die Kunden von Güterverkehrsdienstleistungen (zum Beispiel verladende Unternehmen) und materielle oder immaterielle Güter (z.B. Kraftstoffe), können einen beachtlichen Einfluss auf den Leistungserstellungsprozess haben. Somit liegt die Gestaltung der Leistungserstellung bei Logistikdienstleistungen nicht nur im alleinigen Ermessen des Anbieters. Wenn beispielsweise ein Verlader kurzfristig seine Ware an eine andere Destination versenden möchte oder einen anderen Liefertermin festlegt, muss dessen Logistikdienstleister seine Prozesse entsprechend anpassen, um den neuen Anforderungen nachkommen zu können. Da Güterverkehrsleistungen grundsätzlich immaterieller Natur sind, liegt das *Leistungsergebnis* weniger in der Herstellung physischer Gegenstände, sondern vielmehr in der Erbringung immaterieller Dienstleistungen. Dies erschwert die Beurteilung der logistischen Leistungserbringung. Insbesondere bei erstmaliger Nutzung einer Güterverkehrsleistung kann die Bewertung des Leistungsergebnisses eine grosse Herausforderung darstellen, zumal Verkehrsleistungen oft stark an den Kunden angepasst und somit schwer vergleichbar sind. Bei der Beurteilung der logistischen Leistung sollten daher – auch in Anbetracht der schwer kalkulierbaren externen Einflüsse – neben messbaren Kennzahlen ebenfalls Erfahrungswerte herangezogen werden [Hof10].

3.3.2 Benchmarking-Objekte

Das Benchmarking-Objekt legt den Untersuchungsbereich einer Benchmarking-Studie fest. Als Benchmarking-Objekte kommen beispielsweise Prozesse, Strukturen oder Produkte in Frage [Wal06]. Den Einstiegspunkt für ein Benchmarking in der Logistik können die phasenspezifische und die verrichtungsspezifische Logistik-Abgrenzung bilden, um die Felder des Logistik-Benchmarkings festzulegen und konkreten Benchmarking-Projekten einen klaren Rahmen zu geben. Gemäss der *verrichtungsspezifischen Abgrenzung* orientiert sich der Gegenstandsbereich der Logistik am Ablauf des Güterflusses und lässt sich in die Bereiche Auftragsabwicklung, Lagerung, Verpackung und Transport unterteilen. Bei der *phasenspezifischen Abgrenzung* untergliedert sich der Gegenstandsbereich der Logistik hingegen nach den zentralen logistischen Aufgabenbereichen Beschaffungslogistik, Produktionslogistik, Distributionslogistik, Ersatzteillogistik und Entsorgungslogistik

[Pfo10]. Die beiden Abgrenzungen sind nicht unabhängig voneinander, sondern überschneiden sich inhaltlich aufgrund ihres gemeinsamen Fokus auf die Logistik.

Eine weitere Möglichkeit, um den Untersuchungsbereich eines Benchmarking-Projekts abzustecken, ist die Unterscheidung zwischen Konzepten, Methoden und Instrumenten sowie Prozessen. Ein Logistik-Benchmarking, das sich auf die Untersuchung von *Konzepten* konzentriert, beispielsweise die Organisation der Rückführungslogistik, dient zu Untersuchung der Effektivität. Es soll herausstellen, ob „die richtigen Dinge getan" werden. Im Gegensatz dazu werden bei Benchmarking-Projekten mit Fokus auf *Prozessen* die Prozesse an sich nicht hinterfragt. Stattdessen stehen Effizienzbetrachtungen im Vordergrund, im Sinne von „werden die Dinge richtig getan". Als Beispiel dazu gilt die gezielte Untersuchung des Wareneingangsprozesses. Benchmarking-Projekte, die sich auf *Methoden und Instrumente* konzentrieren, erlauben Rückschlüsse sowohl in Bezug auf die Effizienz als auch auf die Effektivität. Ein mögliches Logistik-Benchmarking kann die Untersuchung von Methoden und Instrumenten zur logistischen Lieferantenbeurteilung bilden [Fah02].

3.3.3 Benchmarking-Partner

Unter dem Begriff Benchmarking-Partner versteht man die Vergleichspartner, zum Beispiel Unternehmen oder Unternehmensbereiche, die für das Benchmarking herangezogen werden. Um einen Benchmarking-Vergleich durchzuführen, sind immer mindestens zwei Benchmarking-Partner erforderlich, wobei diese aus dem internen oder externen Unternehmensumfeld entstammen können [Wer04].

Benchmarking-Partner lassen sich hinsichtlich ihrer *Art* und ihrer *Anzahl* unterscheiden. Grundsätzlich kann zwischen vier Arten von Benchmarking-Partnern differenziert werden: Internes Benchmarking, wettbewerbsorientiertes Benchmarking, funktionales Benchmarking und generisches Benchmarking.

Beim *internen Benchmarking* wird der Benchmarking-Vergleich innerhalb des eigenen Unternehmens durchgeführt. Die Benchmarking-Partner können dabei Standorte, Profit- und Cost Center, Divisionen, Abteilungen, Gruppen und Arbeitsplätze sein. Ziel des internen Benchmarkings ist die Identifikation von Best Practices im Unternehmen und deren Transfer in andere Unternehmensteile. Ein Vorteil des internen Benchmarking ist die hohe Verfügbarkeit von Informationen, insbesondere wenn es unternehmensweite Reporting-Systeme gibt [Wer04]. Da hier im Gegensatz zu einem Benchmarking mit Externen keine Vertraulichkeitsprobleme auftreten, fällt der Aufwand für die Datenerhebung vergleichsweise gering aus. Nachteilig kann sich auswirken, dass die im Rahmen des Benchmarking identifizierten Best Practices möglicherweise nur schwer übertragbar sind, sofern die betrachteten Unternehmenseinheiten beispielsweise aufgrund eines vollkommen unterschiedlichen Branchenfokus sehr verschieden aufgestellt sind [Fah02]. Ein Beispiel für ein internes Logistik-Benchmarking-Projekt ist die unternehmensweite Untersuchung der Bestandskosten. Ein solches Benchmarking könnte Teil einer internen Initiative zur

Erhöhung der Kostentransparenz und zur Identifizierung und Realisierung von Kostensenkungspotenzialen im Bereich der Lagerung sein.

Das *wettbewerbsorientierte Benchmarking* konzentriert sich auf den Vergleich mit Konkurrenzunternehmen, also mit Unternehmen, die in derselben Branche tätig sind. Ein Beispiel für ein wettbewerbsorientiertes Benchmarking-Projekt in der Logistik ist die branchenbezogene Untersuchung der Liefertermintreue. Der Vergleich mit unmittelbaren Wettbewerbern kann interessante Erkenntnisse über die verschiedenen, innerhalb der Branche genutzten Praktiken liefern. Allerdings gestaltet sich die Datenbeschaffung oft als problematisch, da Unternehmen meist nicht bereit sind, Informationen offenzulegen, die Aufschluss über ihre Wettbewerbsvorteile geben [Hof12]. Ein wichtiger Faktor für das Gelingen eines wettbewerbsorientierten Benchmarking-Projekts ist daher, dass die beteiligten Unternehmen einen klaren Nutzen in dem Projekt sehen und es entsprechend durch die Bereitstellung von Daten unterstützen. Das Heranziehen eines neutralen Dritten (zum Beispiel einer Unternehmensberatung oder einer universitären Einrichtung) kann die Bereitschaft der Unternehmen erhöhen, Informationen zur Verfügung zu stellen.

Im Zuge eines *funktionalen Benchmarking* werden ähnliche funktionale Bereiche bei Unternehmen aus unterschiedlichen Branchen miteinander verglichen. Im Gegensatz zum wettbewerbsorientierten Benchmarking gestaltet sich die Informationsbeschaffung beim funktionalen Benchmarking in der Regel leichter, da keine unmittelbare Konkurrenzsituation zu den Benchmarking-Partnern besteht. Funktionales Benchmarking bietet beachtliche Lernmöglichkeiten, da ein Unternehmen Anregungen für Praktiken erlangen kann, die in seiner eigenen Branche nicht üblich sind [Wer04]. Die Vergleichbarkeit und Übertragbarkeit der erlangten Informationen stellt eine Herausforderung beim funktionalen Benchmarking dar. Insbesondere wenn Akteure aus sehr unterschiedlichen Branchen miteinander verglichen werden, kann es schwierig sein, eine einheitliche Vergleichsbasis ausfindig zu machen und die Erkenntnisse aus dem Benchmarking auf das eigene Unternehmen anzuwenden. Ein Beispiel für ein funktionales Logistik-Benchmarking ist die branchenübergreifende Untersuchung der Durchlaufzeit im Wareneingang, mit dem Ziel, Unternehmen mit niedrigen Durchlaufzeiten ausfindig zu machen und sich von diesen Ideen für Verbesserungen im Bereich des Wareneingangs abzuleiten.

Ein *generisches Benchmarking* ist ein unternehmensübergreifender Vergleich, der sich über die Grenzen von Wettbewerb, Branche und Funktion hinweg setzt. Das innovative Potenzial eines generischen Benchmarking kann sehr hoch sein, da hier die Chance besonders gross ist, auf neue, in der eigenen Branche völlig untypische Praktiken zu stossen [Mer09b]. Ein Beispiel für ein generisches Logistik-Benchmarking-Projekt ist der Vergleich der Be- und Entladungszeiten von Flugzeugen mit denen von Lastkraftwagen. Der Anlass für ein solches Benchmarking-Projekt könnte die Motivation sein, im Rahmen einer Innovationsoffensive grundlegend neue Ideen für Verbesserungsmöglichkeiten im Transportbereich zu gewinnen. Wenngleich das Lernpotenzial im generischen Benchmarking sehr gross ist, gestaltet sich diese Art des Benchmarking jedoch auch als besonders aufwändig. Sie erfordert viel Erfahrung und ein hohes Abstraktionsvermögen des beteiligten Personals, um Prozesse ausfindig zu machen, die in einem komplett anderen Zusammenhang auftreten.

Benchmarking-Studien lassen sich auch hinsichtlich der *Anzahl* der Benchmarking-Partner charakterisieren. So können *wenige* oder auch *viele* Benchmarking-Partner einbezogen werden. Benchmarking-Projekte mit vielen Benchmarking-Partnern sind tendenziell aufwändiger als Projekte geringeren Ausmasses. Bei gross angelegten Benchmarking-Studien besteht daher die Gefahr, sich aufgrund der hohen Anzahl an Benchmarking-Partnern nur auf schnell durchführbare, relativ oberflächliche Betrachtungen zu konzentrieren, beispielsweise den Vergleich öffentlich zugänglicher Kennzahlen. Dafür besteht die Möglichkeit, eine grössere Menge an Informationen zu erhalten als bei einem Benchmarking-Projekt mit nur wenigen Beteiligten.

Es gibt verschiedene Faktoren, die einen Einfluss auf die Anzahl der verwendeten Benchmarking-Partner haben können, beispielsweise die Höhe der verfügbaren finanziellen Mittel, die Menge der maximal möglichen Benchmarking-Partner sowie das Ziel der Benchmarking-Studie. Ist das Budget für ein Benchmarking-Projekt knapp bemessen, können entweder nur leicht zugängliche Daten vieler Benchmarking-Partner oder detaillierte Informationen weniger Benchmarking-Partner eingeholt werden. Die Anzahl an möglichen Benchmarking-Partnern ist insbesondere beim internen und wettbewerbsorientierten Benchmarking limitiert, denn eine Benchmarking-Studie kann hier maximal alle vorhandenen Unternehmensteile bzw. Konkurrenzunternehmen betrachten. Ist ein Unternehmen beispielsweise in einem Nischenmarkt mit nur wenigen Akteuren tätig, würde sich ein wettbewerbsorientiertes Benchmarking zwangsläufig auf wenige Akteure beschränken. Das Ziel einer Benchmarking-Studie hat insofern Einfluss auf die Anzahl an Benchmarking-Partnern haben, als dass die Zielsetzung entweder eine grossangelegte Benchmarking-Analyse erfordert oder auch eine relativ limitierte und fokussierte Untersuchung. Soll beispielsweise eine Benchmarking-Analyse sämtlicher Logistikdienstleister einer Region oder eines Landes durchgeführt werden, kann die Anzahl der Benchmarking-Partner sehr hoch sein. Sofern die hierfür benötigten Daten über Primärerhebungen beschafft werden müssen, würde ein solches Benchmarking-Projekt einen hohen organisatorischen und personellen Aufwand mit sich bringen. Sollen hingegen nur wenige, beispielsweise die 3 umsatzstärksten, Logistikdienstleister einander gegenübergestellt werden, ist auch die Anzahl der Benchmarking-Partner entsprechend niedrig und der organisatorische sowie personelle Aufwand fällt vergleichsweise gering aus.

Zur Unterscheidung der verschiedenen Arten des Benchmarking dient der in Tab. 3.2 dargestellte morphologische Kasten. Demnach lassen sich Benchmarking-Projekte durch eine Kombination aus den zuvor beschriebenen Erfolgsgrössen, Benchmarking-Objekten sowie der Art und Anzahl der Benchmarking-Partner charakterisieren. Der im morphologischen Kasten skizzierte Pfad (1) könnte beispielsweise einen Benchmarking-Vergleich der Prozesse während der Bodenzeiten von Flugzeugen mit denen während der Boxenstopps beim Autorennen beschreiben. Die Erfolgsgrösse wäre demnach eine Leistungsgrösse, das Benchmarking-Objekt wäre der Transport (Nutzung der verrichtungsspezifischen Logistik-Abgrenzung), wobei sich die Untersuchungen auf Konzeptebene konzentrieren, und

Tab. 3.2 Morphologischer Kasten zur Charakterisierung von Benchmarking-Projekten

Erfolgsgrössen	Kostenkennzahlen	Leistungskennzahlen	Kosten - und Leistungskennzahlen
Benchmarking-Objekte (nach dem Gegenstandsbereich der Logistik)	Verrichtungsspezifische Unterscheidung: Auftragsabwicklung, Lagerhaltung, Lagerhaus, Verpackung, Transport		Phasenspezifische Unterscheidung: Beschaffungslogistik, Produktionslogistik, Distributionslogistik, Ersatzteillogistik, Entsorgungslogistik
Benchmarking-Objekte (nach Betrachtungsebene)	Konzepte	Methoden und Instrumente	Prozesse
Benchmarking-Objekte (nach Vielfalt)	Gleiches Benchmarking-Objekt		Unterschiedliche Benchmarking-Objekte
Benchmarking-Partner (nach Provenienz)	Intern		Extern
Benchmarking-Partner (nach Anzahl)	Wenige		Viele

es würde sich um ein generisches Benchmarking (Nutzung unterschiedlicher Benchmarking-Objekte) mit wenigen Benchmarking-Partnern handeln. Ein Beispiel für ein Benchmarking-Projekt, das Pfad (2) im morphologischen Kasten folgt, ist die konzernweite Untersuchung der Kosten in der Distributionslogistik. Als Erfolgsgrösse würden hier Kostenkennzahlen im Sinne eines Kosten-Benchmarking herangezogen werden. Das Benchmarking-Objekt wäre die Distributionslogistik (Nutzung der phasenspezifischen Logistik-Abgrenzung), bei dem Effizienzbetrachtungen von Prozessen im Vordergrund stehen. Zudem würde es sich um ein internes Benchmarking mit einer eher geringen Anzahl an Benchmarking-Partnern handeln, da sämtliche für die Distribution zuständigen Bereiche im Unternehmen Teil der Untersuchung wären.

Neben den zuvor dargestellten Kriterien zur Charakterisierung von Benchmarking-Projekten sind auch noch weitere Abgrenzungen denkbar. So kann beispielsweise zwischen strategischen und operativen Benchmarking-Studien differenziert werden. Während erstere eine langfristige Perspektive verfolgen und sich auf die Suche nach strategischen Erfolgspotenzialen und Wettbewerbsvorteilen konzentrieren, befassen sich letztere mit eher kurzfristigen Betrachtungen, haben einen geringeren Umfang und verfolgen das Ziel, schnelle Erfolge („Quick Wins") zu einzubringen. Eine weitere Klassifizierungsmöglichkeit für Benchmarking-Studien ist die Unterscheidung zwischen Produkten (hier ist auch eine weitere Differenzierung in materielle und immaterielle Produkte denkbar), Prozessen und Methoden. Da die Logistik eins von vielen möglichen Anwendungsfeldern der

Benchmarking-Methode ist, können diese generellen Kriterien zur Charakterisierung von Benchmarking-Projekten auch beim Logistik-Benchmarking genutzt werden.

3.4 Ablauf einer Benchmarking-Studie

Der Ablauf eines Benchmarking-Projekts lässt sich in sechs verschiedene Phasen untergliedern: Projektvorbereitung, Analyse und Datenerhebung, Auswertung, Ergebnispräsentation und -interpretation sowie Umsetzung und Evaluation (siehe Abb. 3.1). Alle Schritte des Benchmarking-Prozesses sind dabei mehr oder weniger stark von Aspekten des Lernens geprägt. Da die Logistik eines von zahlreichen möglichen Anwendungsfeldern des Benchmarkings ist, lassen sich diese allgemeinen Benchmarking-Prozessphasen auch auf das Logistik-Benchmarking übertragen.

Es ist zu beachten, dass die dargestellten Benchmarking-Prozessschritte einen idealtypischen Anspruch haben. Je nach Benchmarking-Art ist auch der Benchmarking-Prozess unterschiedlich ausgeprägt. Bei einem anonymen Benchmarking mit vielen Benchmarking-Partnern, bei dem die für den Vergleich benötigten Informationen aus Datenbanken extrahiert werden, kann die Analyse- und Datenerhebungsphase beispielsweise sehr kurz sein. Wird hingegen ein grossangelegtes internes oder externes Benchmarking durchgeführt, bei dem die Daten erst mittels Primärerhebungen beschafft werden müssen, nimmt dieser Prozessschritt viel Zeit und Arbeit in Anspruch und setzt zudem eine intensive Projektvorbereitungsphase voraus.

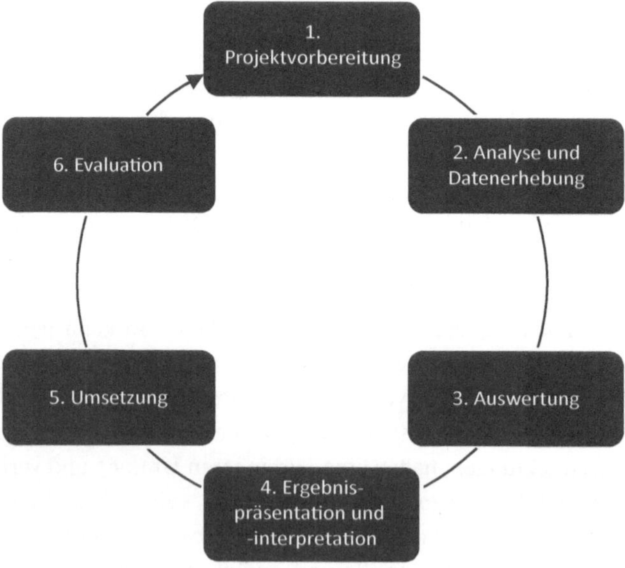

Abb. 3.1 Phasen einer Benchmarking-Studie

Im Folgenden werden die verschiedenen Phasen einer Benchmarking-Studie anhand eines fiktiven internen Benchmarking-Projekts im Versand genauer erläutert, um den Ablauf einer möglichen Benchmarking-Analyse in der Logistik zu veranschaulichen.

In der *Projektvorbereitungsphase* muss vorerst anhand der Zielsetzung festgelegt werden, welche Art von Benchmarking betrieben werden soll. Demnach ist festzulegen, welche Erfolgsgrössen zu erfassen sind (Kostenkennzahlen, Leistungskennzahlen oder Kosten- und Leistungskennzahlen), welche Benchmarking-Objekte untersucht werden sollen (beim Logistik-Benchmarking kann dabei die verrichtungs- oder phasenspezifische Logistik-Abgrenzung als ein Einstiegspunkt genutzt werden, eine weitere Unterscheidung in Konzepte, Methoden und Instrumente sowie Prozesse ist ebenfalls denkbar), welche Benchmarking-Partner gewählt werden (internes, wettbewerbsorientiertes, funktionales oder generisches Benchmarking) und wie gross die Anzahl an Benchmarking-Partnern sein soll (wenige vs. viele Benchmarking-Partner). Neben der Zusammenstellung eines geeigneten Teams für die Austragung des Benchmarking-Projekts sind auch die relevanten Benchmarking-Partner zu identifizieren. Das Ziel des beispielhaften Benchmarking-Projekts im Versand ist die Identifikation und Umsetzung von Möglichkeiten der Leistungssteigerung bei der Kommissionierung. Das Benchmarking-Objekt ist folglich der Kommissionierprozess und es handelt sich um ein internes Benchmarking, das sich auf Methoden und Instrumente fokussiert. Es werden wenige Benchmarking-Partner untersucht, nämlich die internen Kommissionierabteilungen, und als Erfolgsgrösse sollen Leistungskennzahlen, zum Beispiel die Durchlaufzeiten in der Kommissionierung, herangezogen werden.

Im Rahmen der *Analyse- und Datenerhebungsphase* werden zunächst mögliche relevante Informationsquellen ausfindig gemacht. Informationen können zum einen unternehmensintern gewonnen oder auch aus externen Informationsquellen beschafft werden [Wer04]. Unternehmensinterne Informationen für das interne Logistik-Benchmarking im Versand können aus bereits verfügbaren Kennzahlen gezogen werden, wie zum Beispiel aus bestehenden Messungen der verschiedenen Versandabteilungen zu den Kommissionierzeiten. Weitere Informationen lassen sich aus unternehmensinternen Umfragen beschaffen, beispielsweise durch Erhebungen unter Versandmitarbeitern. Als externe Informationsquellen, zum Beispiel im Zuge eines wettbewerbsorientierten Benchmarking-Projekts, können Informationsmaterialien von Branchenverbänden sowie die Internetseiten und Geschäftsberichte der zu untersuchenden Konkurrenzunternehmen dienen. Sofern der Bedarf an externen Informationen durch frei zugängliche Informationsquellen nicht gedeckt ist, lassen sich auch hier weitere Daten mittels Primärerhebungen generieren. Dabei ist die Unterstützung von Seiten der Benchmarking-Partner erforderlich, was insbesondere beim wettbewerbsorientierten Benchmarking eine grosse Herausforderung sein kann.

In der *Auswertungsphase* werden die erhobenen Kennzahlen miteinander ins Verhältnis gesetzt, um Leistungs- und/oder Kostenabweichungen zwischen den Benchmarking-Partnern zu ermitteln. Anschliessend werden mögliche Gründe für die Abweichungen untersucht mit dem Ziel, erfolgreiche Praktiken zu identifizieren. Bei dem internen

Benchmarking im Versand kann beispielsweise festgestellt werden, dass die Kommissionierzeiten an manchen Unternehmensstandorten wesentlich kürzer sind als an anderen. Ein möglicher Grund für die Leistungsunterschiede ist, dass an den leistungsstärkeren Standorten mehr Automatisierungslösungen in der Kommissionierung eingesetzt werden als an den leistungsschwächeren.

Im Zuge der *Ergebnispräsentations- und Interpretationsphase* werden die Ergebnisse der Benchmarking-Analyse aufbereitet und den relevanten Entscheidungsträgern präsentiert. Es wird der Handlungsbedarf des Unternehmens diskutiert und eine Entscheidung über die Umsetzung konkreter Massnahmen getroffen. Im Fall des Benchmarking-Projekts im Versand könnte beschlossen werden, dass stärkere Investitionen in automatisierte Lösungen für die Kommissionierung getätigt werden sollen, um Leistungssteigerungen zu realisieren, beispielsweise durch die Anschaffung von Lastenrobotern, welche die Regale mit den Waren zu den Packern tragen.

In der *Umsetzungsphase* werden die vielversprechendsten Massnahmen, die sich im Verlauf der Benchmarking-Studie herauskristallisiert haben, im Zuge von konkreten unternehmensinternen Realisierungsprojekten in die Tat umgesetzt. Dafür müssen klare Umsetzungsziele definiert und ein Aktionsplan erarbeitet werden, welcher eine strukturierte Grundlage für die schrittweise Umsetzung der Verbesserungsmassnahmen bildet. Um einen möglichst reibungslosen Ablauf zu gewährleisten, sollte die Realisierung der Massnahmen durch ein professionelles Projektmanagement begleitet werden und die uneingeschränkte Unterstützung der Führungsebene geniessen. Bei der Einführung von Lastenrobotern in der Kommissionierung, als Teil des Benchmarking-Projekts im Versand, würde die Umsetzungsphase beispielsweise die Anschaffung und technische Einbindung der Automatisierungslösung umfassen. Des Weiteren würde sie die Erarbeitung neuer Arbeitsabläufe für die Kommissionierung sowie die Einweisung der Packer in das neue Vorgehen beinhalten.

In der *Evaluationsphase* wird untersucht, inwiefern die Umsetzung des Benchmarking-Projekts erfolgreich war, also inwiefern die gesteckten Ziele erreicht wurden. Es sollte ein Controlling-Prozess aufgesetzt werden, der regelmässig den Grad der Zielerreichung anhand klar definierter, messbarer Ziele bestimmt und die Prozessverantwortlichen und Entscheidungsträger mit Informationen zum Fortschritt des Benchmarking-Projekts versorgt [Rei09]. Um beispielsweise zu überprüfen, ob Effizienzsteigerungen im Versand aufgrund der Einführung von Lastenrobotern zur Unterstützung der Packer realisiert wurden, kann die Kommissionierzeit untersucht werden. Falls die Messergebnisse hinter den Erwartungen zurück bleiben, lassen sich weitere Analysen anschliessen, um zu ergründen, warum sich die Leistungen nicht so verbessert haben wie geplant. Es ist beispielsweise möglich, dass die Kommissionierer die neuen Arbeitsabläufe nicht korrekt befolgen und somit noch Schulungsbedarf besteht.

Alle Phasen eines Benchmarking-Projekts sind geprägt durch *Lernen* – sowohl das Lernen der einzelnen Mitarbeitenden im Unternehmen, als auch das der gesamten Organisation. Lernen ist als ein Prozess zu verstehen, bei dem neues Wissen und neue Einblicke erlangt werden, indem die Akteure innerhalb einer Organisation eine herausfordernde

Situation erleben und sich im Interesse der Organisation damit auseinandersetzen [Arg96]. Es steht sowohl für die Fähigkeit, unterschiedliche Informationen zu erlangen und ein gemeinsames Verständnis zu vermitteln, damit das Wissen auch genutzt wird, als auch für die Fähigkeit, Einsichten und Wissen zu entwickeln und mit vergangenen und zukünftigen Aktivitäten zu verknüpfen [Fio85; Fio94]. Lernen kann im Zuge von Benchmarking-Studien bereits durch das Aneignen der Benchmarking-Methodik an sich stattfinden, insbesondere, wenn ein Unternehmen nicht über Benchmarking-Erfahrungen verfügt und sich daher zunächst das notwendige Know-how erarbeiten muss. Weitere Lerneffekte lassen sich unter anderem in der Auswertungs-, Interpretations- und Umsetzungsphase eines Benchmarking-Projekts realisieren. So kann aus dem beispielhaften Benchmarking-Projekt im Versand gelernt werden, dass eine stärkere Automatisierung in der Kommissionierung positive Effekte auf die Durchlaufzeit hat. Die Einführung der Lastenroboter in der Kommissionierung war wiederum mit weiterem Lernen verbunden, da neue Arbeitsabläufe festgelegt und den Packern beigebracht (also von ihnen „erlernt") werden mussten.

Als letzter Schritt im Benchmarking-Prozess kann die Festlegung des Zeitraums für den nächsten Benchmarking-Zyklus gesehen werden, ganz getreu dem Sprichwort „nach dem Spiel ist vor dem Spiel" [Rei09]. So lässt sich beispielsweise die Entscheidung treffen, dass ein Benchmarking im Versand im Halbjahresturnus erfolgen soll.

3.5 Praxisbeispiel: Logistik-Benchmarking bei einem Automobilzulieferer

Einem führenden Automobilzulieferer mit mehreren zehntausend Mitarbeitern und Umsätzen in Milliardenhöhe mangelte es an einer systematischen Leistungserfassung der logistischen Prozesse. Es fehlten Kenngrössen, um die Leistungen im Unternehmen vergleichbar zu machen. Folglich wurden Best Practices in den einzelnen Logistikprozessen und an den verschiedenen Unternehmensstandorten nicht erkannt und in andere Bereiche übertragen. In Anbetracht dieser Situation entschied sich das Unternehmen für ein Benchmarking-Projekt in der Logistik, im Zuge dessen ein einheitliches Referenzmodell für das Logistik-Benchmarking erarbeitet und konzernweit eingeführt werden sollte. Ziel des Projekts war, Optimierungsmöglichkeiten auf Basis standardisierter Kennzahlen zu ermitteln, Verbesserungspotenziale systematisch aufzuspüren und eine grössere Transparenz über die logistischen Aktivitäten der Produktionsstandorte zu erlangen. Das Projekt gliederte sich in drei Phasen. In der ersten Phase wurde ein Benchmarking-fähiges Logistik-Referenzmodell aufgestellt. Darauf aufbauend wurde in der zweiten Projektphase ein hierarchisches Kennzahlensystem entwickelt. In der dritten Phase wurde eine Benchmarking-Organisation konzipiert, die das Benchmarking durchführen sollte. Das Projekt wurde durch eine Mischung aus klassischer Projektarbeit und interdisziplinären Workshops unter Einbindung von Führungskräften und Fachexperten durchgeführt.

Das in der ersten Projektphase entwickelte Logistik-Referenzmodell war streng hierarchisch aufgebaut und bestand aus drei Ebenen: Hauptprozesse, Subprozesse und Einzelprozesse. Die Hauptprozesse wurden in Anlehnung an die SCOR-Systematik in die Primärprozesse Source, Make, Deliver und Launch/Change unterteilt, sowie in die unterstützenden Prozesse Logistikstrategie, Logistikentwicklung und Produktionsplanung. Im Rahmen von Workshops wurden dann für alle Einzelprozesse Prozessbeschreibungen erstellt, Prozessziele definiert, Prozessinputs und -outputs, Kosten- und Leistungstreiber, Prozesskennzahlen sowie Prozessinhalte festgehalten. Um sicherzustellen, dass das Logistik-Referenzmodell an den verschiedenen Unternehmensstandorten mit all ihren unterschiedlichen Prozessen genutzt werden konnte, wurde grosser Wert darauf gelegt, dass das Modell allgemein anwendbar ist.

Das hierarchische Kennzahlensystem, welches im Zuge der zweiten Projektphase entwickelt wurde, betrachtete aufgrund seiner engen Anlehnung an das Logistik-Referenzmodell ebenfalls die drei zuvor genannten Ebenen. Pro Ebene und Prozess wurden Qualitäts-, Kosten- und Zeitkennzahlen festgelegt, wobei die Kosten- und Zeitkennzahlen Ebenen übergreifend miteinander verknüpft wurden, sodass auf der höchsten Ebene 100% der Logistikkosten berücksichtigt wurden. Neben der Definition von Kennzahlen wurde auch bestimmt, wie die dafür erforderlichen Daten beschafft werden sollten. Zum Abschluss der zweiten Projektphase wurde eine Normierungssystematik erarbeitet, um Unterschiede in den Faktorkosten, also den Kosten der Produktionsfaktoren, auszugleichen und somit die Vergleichbarkeit von inländischen und ausländischen Standorten zu erhöhen.

In der letzten Phase des Projekts wurde eine Benchmarking-Organisation konzipiert, mit dem Ziel, interne Best Practices aufzudecken und an anderen Unternehmensstandorten zu etablieren. Dabei wurde ein Konzept der gegenseitigen Auditierung eingesetzt, wonach ein Auditierungs-Kernteam des Konzerns bei den einzelnen Untersuchungen jeweils um Experten aus anderen Werken ergänzt wurde, die sich durch ein hohes Urteilsvermögen auszeichnen. Unterstützt wurden die internen Auditierungsteams zudem durch externe Berater. Es wurde festgelegt, dass die internen Benchmarking-Untersuchungen in einem jährlichen Turnus erfolgen sollen. Nachdem das Logistik-Referenzmodell inklusive des hierarchischen Kennzahlensystems fertig entwickelt war, wurden zunächst drei Werke einer fünftägigen Benchmarking-Untersuchung unterzogen. Dabei wurden Verbesserungsmöglichkeiten identifiziert, aus denen die Auditierungsteams zusammen mit den für die Logistik verantwortlichen Führungskräften der Standorte konkrete Massnahmen ableiteten und einen Zeitplan für die Umsetzung festlegten.

Gemäss des in Abschn. 3.3 vorgestellten morphologischen Kastens zur Klassifizierung von Benchmarking-Studien kann das Benchmarking-Projekt des Automobilzulieferers als ein internes Benchmarking auf Konzeptebene mit wenigen Benchmarking-Partnern eingeordnet werden, bei dem sowohl Kosten- als auch Leistungskennzahlen als Erfolgsgrössen herangezogen wurden und bei dem die phasenspezifische Logistikabgrenzung für die Definition der Benchmarking-Objekte genutzt wurde (vgl. Tab. 3.3).

Dank des Benchmarking-Projekts hatte das Unternehmen nun ein einheitliches Werkzeug, das konzernweit Unterstützung bei der Messung, dem Vergleich und der Verbesserung der logistischen Prozesse leisten konnte. Neben einer höheren Transparenz bei den

Tab. 3.3 Einordnung des Benchmarking-Projekts

Erfolgsgrössen	Kostenkennzahlen	Leistungskennzahlen	Kosten- und Leistungskennzahlen
Benchmarking-Objekte (nach dem Gegenstandsbereich der Logistik)	Verrichtungsspezifische Unterscheidung: Auftragsabwicklung, Lagerhaltung, Lagerhaus, Verpackung, Transport	Phasenspezifische Unterscheidung: Beschaffungslogistik, Produktionslogistik, Distributionslogistik, Ersatzteillogistik, Entsorgungslogistik	
Benchmarking-Objekte (nach Betrachtungsebene)	Konzepte	Methoden und Instrumente	Prozesse
Benchmarking-Objekte (nach Vielfalt)	Gleiches Benchmarking-Objekt	Unterschiedliche Benchmarking-Objekte	
Benchmarking-Partner (nach Provenienz)	Intern	Extern	
Benchmarking-Partner (Anzahl)	Wenige	Viele	

Logistikprozessen konnte an den Pilotstandorten bereits eine Senkung der Logistikkosten um 10% erreicht werden. Zudem wurden die Umschlagraten um 11% und die Durchlaufzeiten um 13% verbessert [TraOJ].

3.6 Erfolgsfaktoren beim Logistik-Benchmarking

Es gibt zahlreiche Faktoren, die einen Einfluss auf das Gelingen von Benchmarking-Projekten haben. Als generelle Erfolgsfaktoren beim Benchmarking gelten unter anderem ein professionelles Projektmanagement, die ausreichende Unterstützung von Seiten des Top-Managements, die Nutzung klar definierter, aussagekräftiger Kennzahlen, eine offene und kontinuierliche Kommunikation zwischen allen Beteiligten sowie eine intensive Projektvorbereitungsphase [Rei09; Web99]. Neben diesen allgemeinen Benchmarking-Erfolgsfaktoren gibt es auch Aspekte, die insbesondere bei einem Benchmarking in der Logistik beachtet werden sollten. Vor allem der Dienstleistungscharakter der Logistik und die damit einhergehenden Herausforderungen bei der Beurteilung der logistischen Leistungserstellung sorgen dafür, dass es noch weitere Aspekte gibt, die Einfluss speziell auf das Gelingen von Benchmarking-Projekten in der Logistik haben. Diese besonderen Erfolgsfaktoren werden in Tab. 3.4 in Form von Do's und Dont's beim Logistik-Benchmarking aufgezeigt.

Tab. 3.4 Do's und Dont's beim Logistik-Benchmarking

<table>
<tr><td>
Do's
</td><td>• Intensives Auseinandersetzen mit dem Gegenstandsbereich der Logistik im Vorfeld der Benchmarking-Analyse (zum Beispiel unter Zuhilfenahme der phasen- oder verrichtungsspezifischen Logistik-Abgrenzung). Da die Logistik eine Querschnittsfunktion mit vielen Schnittstellen zu anderen Unternehmensbereichen ist und es daher unterschiedliche Auffassungen darüber gibt, was Logistik bedeutet, sind besondere Anstrengungen erforderlich, um das Benchmarking-Objekt möglichst klar zu definieren.
• Benchmarking mit längerfristigen Daten vornehmen (zum Beispiel Monats- oder Jahresdaten), da die logistische Leistungserbringung aufgrund des Einflusses unkalkulierbarer externer Faktoren stark schwanken kann.
• Resultate des Logistik-Benchmarkings insbesondere bei Leistungsbeurteilungen (zum Beispiel bei der Beurteilung des Lieferserviceniveaus) auch mit Erfahrungswerten abgleichen aufgrund der schwierigen Quantifizierbarkeit von Logistikleistungen.</td></tr>
<tr><td>**Dont's**
</td><td>• Keine klare Fokussierung das Benchmarkings auf Kosten oder Leistungen. Kosteneffizienz und Flexibilität sind ein klassischer Zielkonflikt in der Logistik, daher geht eine Verbesserung bei dem einen Aspekt meist mit einer Verschlechterung bei dem anderen einher.
• Entscheidungen, beispielsweise die Wahl des Logistikdienstleisters, rein auf Basis messbarer Kennzahlen fällen, ohne dabei das logistische Leistungspotenzial zu berücksichtigen.
• Die verwendeten Kennzahlen nicht hinsichtlich ihrer Vergleichbarkeit zwischen den verschiedenen Benchmarking-Partnern hinterfragen. Logistikleistungen sind sehr heterogen, so sind zum Beispiel Kommissionierleistungen oft kundenindividuell gestaltet, was sie relativ schwer quantifizier- und vergleichbar macht.</td></tr>
</table>

Literatur

[Ame09] American Productivity and Quality Center APQC (2009): State of Benchmarking. http://www.bmc-eu.com/dokumente/public/34-10stateofbenchmarking2009collection/download. Zugegriffen: 15. April 2014

[Arg96] Argyris, C.; Schon, D.: Organisational Learning II: Theory, Method and Practice. Reading, MA: Addison-Wesley 1996

[Cam89] Camp, R.C.: Benchmarking – the Search for Industry Best Practices that Lead to Superior Performance. Milwaukee: ASQ Quality Press 1989

[Cam94] Camp, R.C.: Benchmarking. München: Hanser 1994

[Dem09] Demleitner, K.: Projekt-Controlling. Die kaufmännische Sicht der Projekte. 2. Aufl. Renningen: Expert Verlag 2009

[Deu09] Deutsches Institut für Normung DIN: DIN 69901 Projektmanagement - Projektmanagementsysteme. o.V. 2009

[Fah02] Fahrni, F.; Völker, R.; Bodmer, C.: Erfolgreiches Benchmarking in Forschung und Entwicklung, Beschaffung und Logistik. München/Wien: Hanser 2002

[Fio85] Fiol, M.C.; Lyles, M: Organisational Learning. Academy of Management Review (1985) 10/4, 803–813

[Fio94] Fiol, M.C.: Consensus, Diversity, and Learning in Organisations. Organisation Science (1994) 5/3, 403–420

[Hof10] Hoffmann, A.; Resch, B.: Eigenschaften von Güterverkehrsleistungen. In: Stölzle, W.; Fagagnini, H.P. (Hrsg.).: Güterverkehr kompakt. München: Oldenbourg 2010

[Hof12] Hofmann, A.: Benchmarking. In: Klaus, P.; Krieger, W.; Krupp, M. (Hrsg.).: Gabler Lexikon Logistik. Management logistischer Netzwerke und Flüsse. 5. Aufl. Heidelberg: Springer Gabler 2012, 48–53

[Mer09a] Mertins, K.; Kohl, H.: Benchmarking - der Vergleich mit den Besten. In: Mertins, K.; Kohl, H. (Hrsg.).: Benchmarking. Leitfaden für den Vergleich mit den Besten. 2. Aufl. Düsseldorf: Symposion Publishing 2009, 19–62

[Mer09b] Mertins, K.; Kohl, H.: Benchmarking-Techniken. In: Mertins, K.; Kohl, H. (Hrsg.).: Benchmarking. Leitfaden für den Vergleich mit den Besten. 2. Aufl. Düsseldorf: Symposion Publishing 2009, 63–88

[Pfo10] Pfohl, H.-C.: Logistiksysteme. Betriebswirtschaftliche Grundlagen. 8. Aufl. Berlin/ Heidelberg/ New York: Springer 2010

[Rei09] Reisbeck, T.; Schöne, L.: Immobilien-Benchmarking: Ziele, Nutzen, Methoden und Praxis. 2. Aufl. Berlin/Heidelberg: Springer 2009

[Sch11] Schmieder, M.: Stand des Benchmarking in Deutschland. Eine branchenunabhängige Studie. 2011. http://www.bmc-eu.com/dokumente/public/50-9benchmarkingstudiefull/download. Zugegriffen: 15. April 2014

[TraOJ] Transfer Centrum: Einführung eines konzernweiten Logistik-Benchmarking bei einem Automobilzulieferer. o.J. http://www.tcw.de/uploads/html/case_study/pdf/01-66_Logistik.pdf. Zugegriffen: 14. April 2014

[Wal06] Walgenbach, P.; Hegele, C.: How Can an Apple Learn from an Orange? Or: What Do Companies Use Benchmarking For? Organization (2006) 8/1, 121–144

[Web99] Weber, J.; Wertz, B.: Benchmarking Excellence. Schriftenreihe Advanced Controlling. Bd. 10. Vallendar: WHU Koblenz 1999

[Web01] Weber, J.; Blum, H.: Logistik-Controlling – Konzept und empirischer Stand. KRP Zeitung für Controlling, Accounting und System-Anwendungen (2001) 45/5, 275–282

[Wer04] Wertz, B; Sesterhenn, J.: Benchmarking - Einführung in die Methode. In: Luczak, H.; Weber, J.; Wiendahl, H.-P. (Hrsg.).: Logistik-Benchmarking. Praxisleitfaden mit LogiBEST. 2. Aufl. Berlin/Heidelberg/New York: Springer 2004, 5–16

Stichwortverzeichnis

K. Furmans, C. Kilger (Hrsg.), *Infrastruktur und Controlling der Logistik*, Fachwissen Logistik, https://doi.org/10.1007/978-3-662-57947-3